“资源勘查工程（新能源）”国家特色专业建设教材
中国地质大学（北京）教材建设项目资助
中国地质大学（北京）优秀教学团队建设项目资助

非常规能源流体地质学

许　浩　张君峰　陶　树　李　松　主编

地质出版社
·北　京·

内 容 简 介

本书围绕与非常规油气资源密切相关的流体这一核心，旨在阐明沉积盆地中流体研究的基本理论和基本方法。首先介绍了流体类型和水文地质基础，重点阐述了地下水的形成与起源、赋存状态、分类及补给、排泄与径流；其次，剖析了流体活动的温压场、驱动因素、运聚机制及流体地质作用，详细分析了温度场和压力场的形成机制、流体输导体系构成、非常规油气成藏理论及流体活动效应；然后系统介绍了流体示踪技术；最后对流体模拟分析方法进行了初步介绍。

本书可作为资源勘查工程专业、非常规能源专业及相关专业的教材，也可供石油地质领域的科研与生产单位人员，以及相关专业研究人员、技术人员和师生参考。

图书在版编目（CIP）数据

非常规能源流体地质学／许浩等主编．—北京：地质出版社，2016.8

ISBN 978-7-116-09852-7

Ⅰ.①非… Ⅱ.①许… Ⅲ.①地质学-教材 Ⅳ.①P5

中国版本图书馆CIP数据核字（2016）第181185号

Feichanggui Nengyuan Liuti Dizhixue

责任编辑：肖莹莹　房　媛
责任校对：王　瑛
出版发行：地质出版社
社址邮编：北京海淀区学院路31号，100083
电　　话：（010）66554528（邮购部）；（010）66554571（编辑室）
网　　址：http://www.gph.com.cn
传　　真：（010）66554576
印　　刷：北京地大天成印务有限公司
开　　本：787 mm×1092 mm 1/16
印　　张：9.25
字　　数：230千字
版　　次：2016年8月北京第1版
印　　次：2016年8月北京第1次印刷
定　　价：48.00元
书　　号：ISBN 978-7-116-09852-7

前　言

沉积盆地包括沉积骨架和孔隙流体两部分。由于传统理论和技术条件的影响和限制，早期的盆地研究普遍侧重于岩石骨架，而对于岩石孔隙中的流体关注较少。1993 年，在英国托基市召开的首届国际地质流体会议中，“地质流体（geofluid）”这一概念被正式提出。随后，盆地流体研究逐渐兴起，成为地学研究的重大理论前沿，受到当今国际地学界的广泛关注和重视。

流体地质学是地球科学中的一门新兴的分支学科，其研究核心是流体动力学，即揭示盆地流体活动以及相关的物理化学作用过程。具体可以理解为在沉积盆地范围内，通过对温度场、压力场和化学场等各种物理化学场的综合研究，在流体输导网络的格架下，再现盆地内流体运动过程及其活动规律。

油气资源（包括常规油气资源和非常规油气资源）是沉积盆地中流体的重要组成部分，随着沉积盆地的演化，流体产生并流动，它自身的活动和演化构成了盆地动力学演化的重要内容，而且盆地流体广泛参与了沉积物的成岩、后生、成烃和成矿过程。因此，了解盆地成藏、成矿过程中流体的类型，弄清各种流体的基本性质和特征是有效进行油气勘探开发的重要环节和基础。编写一本既能够反映目前国内外流体地质学科新进展，又能对我国新时期非常规油气勘探开发具有实际指导意义的《非常规能源流体地质学》教材，意义十分重大。

本教材围绕沉积盆地中与非常规油气资源密切相关的流体这一核心，分为八章。第一章为绪论，主要介绍流体类型及其作用、流体地质学研究现状及主要进展和课程的要求；第二章为水文地质基础，地下水的形成与起源、赋存状态、分类及补给、排泄与径流；第三章为流体温度场与压力场，详细阐述了温度场的热源及形成机制、温度场的表征及影响因素、压力的概念与分类及异常压力的形成机制；第四章为流体驱动因素与运聚机制，探讨了流体驱动因素与流动样式、流体输导体系及聚集机制与过程；第五章为非常规油气成藏理论，主要介绍了非常规油气概念、类型及非常规油气聚集规律；第六章为流体地质作用，介绍了流体活动效应与流体地质作用类型、流体–岩石作用、热液作用；第七章为流体示踪技术，主要介绍了流体包裹体示踪、地层水化学示踪、有机地球化学示踪及其他示踪技术；第八章为盆地流体模拟，系统介绍了流体流动模拟、温压场模拟、生烃史模拟及流体势分析方法。

其中，第一章、第二章、第六章、第八章由许浩编写，第三章、第四章由张君峰编写，第七章由陶树编写，第五章由李松编写。全书由许浩负责统一修改和定稿。

本书在编写过程中得到了中国地质大学（北京）教务处、能源学院和能源与环境教研室领导和同事们的关心和支持；参考和引用了大量文献，在此谨向有关研究单位和文献作者表示衷心感谢。

由于作者水平有限，本书内容选择和编写深度方面难免有不当之处，敬请广大同仁和读者指正。

编　者

2016 年 3 月

目　　录

第一章 绪 论

地质流体指通过地下岩石中的所有流体，包括各种液体、气体、超临界体、熔体等。对于沉积盆地而言，盆地流体主要是指占据和通过盆地沉积岩石孔隙空间的所有流体。近年来，人们逐渐认识到盆地流体活动是控制盆地中物质演变和能量再分配的主导因素，非常规油气资源的生成、运移、成藏和成矿过程与盆地流体活动有着密切关系。本章将介绍流体类型及其作用、流体地质学主要研究进展及本课程内容及要求。

第一节 流体类型及其作用

一、盆地流体类型及特征

根据不同的分类标准，盆地流体具有不同的划分方案。依据流体的来源和成因特征，盆地流体划分为表生渗入流体、自生流体和深部流体。

（一）表生渗入流体

表生渗入流体是指由盆地边缘隆起区（蚀源区）补给的流体，其来源包括大气降水、江河湖泊和海洋。它主要是通过垂直的渗透，或者是通过断层、裂隙以及出露于地表的渗透性地层、不整合面、各种侵入体等进入盆地内部，流体成分主要受所在地区环境控制。盆地表生渗入流体的温度较低，其形成初期常常是富氧的，矿化度较低。

（二）自生流体

自生流体是指来自盆地内部的各种流体，主要源于沉积盆地中的沉积物。随着沉积作用的进行，地层埋深不断增加，盆地中的物理化学条件发生变化，沉积物由此发生改变而新产生的流体。此类流体包括沉积物间隙水、沉积物颗粒吸附水、黏土矿物的层间水和结构水，以及由沉积有机物热解而成的各种气态/液态烃类有机流体（石油、天然气）等。盆地自生流体的温度较高，矿化度较高。以水为主的无机流体的成分取决于原生沉积物的地球化学性质，以烃类为主的有机流体的成分取决于机质的丰度、类型和成熟度。

（三）深部流体

深部流体是指沿盆地基底断裂上升的深部流体，包括岩浆热液、火山热液、变质热液、地幔深部流体及受热的地下水循环热液等，其最大的特点是富含挥发分和各种成矿金属元素等组分，流体温度较高。

上述 3 种流体，在盆地中广泛分布。表生渗入流体在整个盆地中均有分布，主要存在浅层中（0~2000m）。随着埋深加大（2000~5000m），地层压实程度增加，温度、压力增高，封闭条件变化，沉积物转化出的自源流体或新生流体大量生成，表生渗入流体混合。在5000m以下的深度，则以各种高温高压的岩浆热液、地质热流体和变质流体为主。

二、流体地质作用

流体活动是控制成岩、成矿作用的主要因素。在流体与岩石不断发生反应的过程中可以溶解、搬运、沉淀、交代各种物质，还可导致岩石中各种挥发分的凝结和释放，致使岩石的成分、组构和性质不断发生各种成岩变化。因此，地壳中的热流体活动不仅是物质交换、能量传输的成岩作用，也是某些无机和有机元素富集成矿的过程。流体活动是地壳运动的一种主要动力，从板块构造到沉积盆地内各种局部构造都与流体的活动有关。此外，地质流体活动直接影响着人类的生存环境，大量证据说明，流体对火山、地震和滑坡的触发起到至关重要的作用。非常规油气资源作为沉积盆地中流体的重要组成部分，在其形成、演化、富集、成藏乃至产出的整个过程中均发生着不同形式的流体地质作用，因此，流体地质理论及研究方法是非常规油气资源的勘探开发必备的基础。

第二节　流体地质学主要研究进展

随着勘探的深入和多学科的综合交叉，盆地流体研究在盆地流体流动样式、流体输导网络、非常规油气聚集理论、流体与岩石相互作用、流体示踪技术、流体模拟技术等方面取得了长足的进展，以下简述其中主要研究成果。

一、盆地流体驱动机制与流动样式

流体流动在地下水资源评价、油气成藏、成矿作用等方面具有重要意义，流体流动机制和流动样式方面研究一直受到各国学者的高度重视。盆地流体流动的基本原则是降低其能量，流体总是从高势区向低势区流动。Hubbert（1953）提出了流体势的概念。一般而言，孔隙水在沉积盆地中的流动是由两种因素所致，一是压力驱动，形成压力流；二是热驱动，形成热对流。形成压力流的最重要的驱动力包括：沉积压实、浮力、地形重力和构造应力及地震作用。其中，压实驱动、地形驱动和构造应力驱动是沉积盆地内的主要流体流动的驱动机制。构造应力场对流体压力场有重要的改造作用，进而对油气成藏起着重要影响。油气的运移和聚集是各种动力作用的耦合，这些作用力充分体现在流体势这一概念上，天然气在地层中的运移是流体压力、重力、毛细管力及构造应力等多种动力耦合作用的结果，在构造强烈活动时期，由于强烈构造挤压引起流体压力骤增对天然气运移的作用远远大于重力和毛细管力的作用，故构造应力起主导作用（宋岩等，2001）。康永尚等（1998）提出了油气成藏流体动力系统的概念，并提出重力驱动型、压实驱动型、流体封存型及滞留型油气成藏流体动力系统类型的划分方案，为分析油气的运聚提供了一种思路。一些学者提出成藏动力学的概念，将流体动力的研究与其他地质条件和作用过程综合起来研究油气运移过程和聚集规律（龚再升等，1999；郝芳等，2004；罗晓容，2008）。热对流虽然只是局部流体流动样式，但它对岩石的成岩作用有重要的影响，当流体流动方向与等温线相交时，热对流作用将导致热重新分布、成熟异常和物质的迁移（Wood et al.，1982）。盆地流体流动样式是盆地动力学研究的重要内容（李思田等，1999）。不同类型盆地中盆地流体具有不同的循环样式，如构造应力驱动最常见于前陆盆地，超压体系驱动最常见于裂谷等快速深沉降盆地（Garven，1995），此外，同一盆地不同演化阶段也具有不同的流体循环样式和流动方向，如 Alberta 盆地在不同历史时期可具有完全相反的流体流动方向（Corbet et al.，1992）。

二、异常压力的形成机制

异常压力形成机制始终是油气运移和成藏理论的核心内容之一，随着油气勘探开发的不断深入，国内外很多盆地中都发现了不同压力类型油气藏赋存在不同的构造位置或者不同的层系。对于含油气盆地中高压的发育机理、高压流体的流动样式及其成岩、成烃和成藏效应已进行了广泛研究。归纳起来，高压形成的基本机制有以下 3 点：①由于外部应力的作用导致地层孔隙空间的减小；②由于热力/成岩作用导致地层中流体密度的改变；③由于流体运动导致密度、水头变化形成的异常地层压力。除上述 3 类增压机制外，有效的封闭条件也是制约异常压力形成、发展的关键因素。引起上述 3 种机制的地质作用有：沉积物的欠压实作用、构造应力、水热增压、黏土矿物脱水、烃类物质生成等。在盆地发展的不同阶段，不尽相同的机制会导致地层压力的变化；不同性质的岩石中，各种增压机制的作用效果也各有不同。郝芳等（2005）认为沉积盆地中的异常高压可分为静态和动态两种。静态型要求发育理想的封闭层且内部单元化程度（分割性）明显，异常高压可以在形成后长期得到保存；动态型则缺乏理想的封闭层，异常高压是由于深部高压流体不断充注维持的。通过对世界范围内低压现象的分析，Corbert（1992）认为异常低压主要发育在一些致密气层砂岩和发生较强烈剥蚀的盆地。总结国内外相关研究成果，被广泛认可的低压成因机制主要包括 4 个方面：①岩石孔隙空间增大：抬升—剥蚀反弹、过压实作用；②孔隙流体体积减小：温度降低、轻烃扩散、断裂和不整合面的压力释放作用、耗水作用、渗透作用、油气开采、地下水流动；③流体承压高度降低：承压面低于地表；④原始压力的保存：构造或岩性封闭作用。

三、盆地流体流动输导体系

在含油气盆地中，油气从生成、排出、运移、聚集和破坏调整的全过程中，输导体系始终起着重要的纽带和桥梁作用。这不仅是石油地质学理论研究的重要课题，而且是油气的勘探开发中必须要重点解决的实际问题，如果忽略了输导体系的作用将会导致钻探失利，增加勘探的风险。在含油气盆地中，作为流体运移通道的输导体主要有：高孔渗砂体和某些碳酸盐岩、不整合面、断层或裂缝体系。

许多学者针对不同含油气盆地的实际地质情况已进行了大量的研究工作，并取得了丰硕的成果，但归纳起来主要体现在地质分析、物理模拟和数值模拟三个方面。由于高精度层序地层学、地震岩性预测和层序地层模拟技术的综合应用，对于砂岩型输导体空间分布的预测能力已明显提高。随着大量低位域砂体型岩性油气藏的发现，对不整合界面或层序界面以及与其相邻的高位和低位体系域砂体内流体行为的研究也取得了长足的进展。在断裂输导机制方面主要有两种认识：一是以浮力为主要动力和遵循达西定律的缓慢渗透机制，主要输导通道是断层核及其两侧诱导裂缝网络。二是“地震泵”作用下“幕式”流动机制。Hooper（1991）通过多种方法证实断裂和流体的活动具有幕式（非稳态）的特征，受区域构造运动的影响，盆地内断裂发生多期活动，断裂多次开启和闭合，含烃流体（具异常高孔隙流体压力）沿断裂带发生多次幕式运动。Hindle（1997）研究认为，断层面的几何形状和产状对油气运移路径有着重要的影响，分为3种情况：①平面断层单元不改变流线方向，路径从入口点开始保持不变；②凹面断层使运移路径呈发散趋势；③凸面断层使运移流线汇集而形成油气垂向运移的优势通道。物理模拟是在实验室条件下，对地下油气在成藏期的运移和聚集过程进行还原和再现，通过设定不同的实验条件（温度、压力、岩性及孔渗等），对影响油气运聚的条件进行分析。曾溅辉等（2002）通过多组断裂输导的物理模拟实验表明：①断层带渗透率对油气运移路径有重要影响；②幕式充注时，在异常高压作用下，油的运移方式具放射状、毯式运移特征；③幕式充注时，在异常高压作用下，油首先很快充注断层带下部储层，而后才充注上部储层。孙永河等（2007）通过实验室物理模拟表明，“地震泵”抽吸作用下天然气运移速率快、效率高，在短时间内可以大规模运聚成藏。姜素华等（2005）模拟了断层面形态对石油运移的影响，结果表明，在幕式充注条件下，S形断层面最有利于断层两盘油的充注，并且运移速率较大；凹形断层面有利于断层下盘充注，凸形断层面有利于断层上盘油的充注。在数值模拟方面，Hindle（1997）对巴黎盆地和威里斯顿盆地进行了油气运移数值模拟，计算了油势等值线，并通过记录经过每个砂岩输导层单元的流量绘制了油气运移的路径图。并强调运移通道的形态和位置在很大程度上受构造形态控制。吴冲龙等（2000）将传统动力学模拟与人工神经网络模拟结合起来，提出人工神经网络模拟油气二次运移的技术，并以这一思想为指导编制出了功能非常强大的盆地模拟系统。储层的精细描述和储层中可动油的研究推动了流体输导的三维和四维模拟（Burley et al.，2000；Schneider et al.，2000），研究成果为确定储层中剩余油的分布提供有效的技术和方法。

四、非常规油气聚集理论

随着世界油气地质理论的发展与勘探开发技术进步，非常规油气资源，如盆地中心气、煤层气、页岩气、致密砂岩气、页岩油等逐渐成为全球油气储量、产量增长的重点领域和研究热点，非常规油气地质研究也取得长足进展。1995年美国联邦地质调查局（USGS）针对含油气盆地中致密砂岩、煤层、页岩等非常规储层中油气大面积聚集分布、圈闭与盖层界限不清、缺乏明确油气水界面的特点，提出了“连续型油气聚集”的概念，在非常规石油地质理论发展中具有里程碑意义，是非常规石油地质理论科学发展的重要标志和理论基础。基于这一概念，USGS对致密砂岩气、页岩气、盆地中心气、煤层气、浅层微生物气及天然气水合物等非常规天然气资源进行了评价（Schmoker，1995，1996，1999；Jeffrey et al.，2004；Schmoker，2005）。2007年国际石油工程师协会（SPE）、石油评价工程师协会（SPEE）、美国石油地质师协会（AAPG）和世界石油大会（WPC）在《油气资源管理系统》一文中认为连续型矿产和非常规资源基本等同，都定义为大面积连续分布、受水动力影响很小的油气聚集，包括盆地中心气、页岩气、天然气水合物、天然沥青及油页岩等，同时强调了其技术难度及经济可行性。国内一些学者将非常规油气的主要特征归纳总结为：连续分布，油气水界面不明显，无自然工业产量，同时指出非常规油气多数为源储共生型油气聚集（关德师等，1995；邹才能等，2009a，2009b，2009c；蒋裕强等，2009；聂海宽等，2009；赵靖舟，2012；贾承造等，2012）。

基于渗透率和流体黏度，将非常规油气资源定义为：通过技术改变岩石渗透率或流体黏度，使得油气的渗透率与黏度比值变化，从而获得工业产能的油气资源（邹才能等，2011）。国内一些学者认为非常规油气储集空间主体为纳米级孔喉系统，局部发育微米—毫米级别孔隙，进而提出“纳米油气”概念，并指出“纳米油气”是未来石油工业的发展方向（邹才能等，2012a，2012b；崔景伟等，2012）。针对非常规储层致密的特点，许多学者利用各种实验测试技术对其微观孔喉特征进行了系统的研究（Schieber，2010；Slatt et al.，2011）。不同的孔隙结构决定了非常规储层的物性差异，孔隙类型、尺寸与排列不仅影响油气原地的赋存与聚集，而且影响储层扩散和渗流能力（Dewhurst et al.，2002；Schieber，2010；Ambrose et al.，2010）。在非常规运聚机制方面，前人也开展了广泛的研究，非常规油气单凭浮力无法实现有效运聚，生烃增压是连续型油气的主要运聚动力（卢双舫，1996；游君君等，2004；刘招君等，2005；邹才能，2010；张金川等，2004，2012）。一些学者在系统分析后，指出常规油气供烃方向会有非常规油气共生，非常规油气外围空间可能存在常规油气伴生，强调常规油气与非常规油气协同发展，提出了常规-非常规油气“有序聚集”理论（邹才能等，2014）。非常规油气聚集理论正引起越来越多的石油地质学家关注，已经成为目前石油地质学研究的前沿。

五、盆地流体与岩石相互作用

盆地流体活动是控制盆地中物质演变和能量再分配的主导因素之一。沉积盆地成岩作用旨在对地下相对高温高压条件下沉积岩石物理特性变化和水-岩相互作用的研究（解习农等，2009），早期研究偏重于静态成岩作用研究，而近年来随着盆地流体研究的深入，人们开始注意到盆地流体活动对成岩作用的影响，尤其是异常压力环境下流体活动规律及其相应的成岩响应成为人们十分关心和研究的热点问题（Hunt，1990；Neuzil，1995；焦大庆，1998；康永尚等，1999；Xie et al.，2003；Flemings et al.，2004）。解习农等（2009）分别探讨了碎屑岩和碳酸盐岩沉积区流体活动对成岩作用影响，指出成岩过程中的水-岩相互作用是地下一定温压条件下孔隙水的化学组分与储层矿物间的一种化学平衡作用，而盆地流体活动则通过改变孔隙水介质而影响其成岩反应。同时，利用成岩矿物的变化可以较好地指示盆地内流体活动特征。楼章华等（2002）指出不同孔隙水成因的局部水动力单元是决定松辽盆地扶扬油层砂岩成岩相类型的重要因素之一，而且各种成岩相特征、自生矿物组合、孔隙成因与孔隙组合都有明显的差别。岩石学和同位素分析方法被广泛应用于成岩作用研究，通过多期成岩产物判断流体活动期次（Bjørlykke et al.，1994），同时各种水-岩相互作用和成岩反应对孔隙空间具有明显的影响（朱国华等，1993；朱抱荃等，1996；顾家裕，2002；Scotchman et al.，2002；Nygård et al.，2004）。

流体作为化学物质和传输的载体积极地参与了各种地质地球化学过程（刘丛强，1998），对矿床的形成起着至关重要的作用，沉积盆地中许多大型、超大型金属层控矿床和油气田的形成、分布及油气的二次迁移，均与大规模流体的流动和水-岩间的相互作用有着十分密切的关系（Bitzer et al.，2001）。与盆地流体有关的主要矿床类型主要有：沉积喷流型矿床（Sedex 型）（Large，1988）；密西西比式（MVT）铅-锌-（钡-氟）矿床（Sangster et al.，1994）；大陆砂页岩型铜、铀，以及铅、锌、钒、银、钴等矿床（Sanford，1994）；沉积岩容矿的微细浸染型金矿床（刘建明等，2000）。

六、盆地流体示踪技术

盆地流体活动不仅改变了盆地内温度场和压力场，而且会导致不同的流体岩石相互作用。反过来我们可以利用岩石中残留的一些标记示踪流体活动。盆地流体示踪方法可概括为以下 5 个方面（解习农等，2003）：

（一）有机地球化学示踪

有机质在受到地质热事件的影响后其变化的敏感性要比无机质高得多，其成熟演化是一种不可逆反应（胡明安，1997）。且岩石中有机质对温度十分敏感，因此可利用有机质的热指标参数进行热流体活动示踪分析，如有机质的成熟度及其产物——生物标志物可以揭示成矿过程中地质热事件的性质，显示成矿作用的地球化学特征，有机质的成熟异常还可以进行成矿预测和指示找矿方向（胡明安，2000；包志伟等，2000；徐庆鸿等，2005）。

（二）无机地球化学方法示踪

新生成岩矿物和黏土矿物转换可示踪热流体活动，比如在中浅部的储层中由于淡水的渗入可导致长石的高岭石化。黏土矿物转换特别是伊蒙混层（I/S）的构成和有序性是地史时期古温度的有效标志。蒙脱石向伊利石转换的程度取决于温度、K^+浓度和时间。正常情况下，可根据 I/S 混层的 Reichweite 有序度值变化情况判断地温梯度。在没有对流热作用地区伊-蒙转换是渐变的过程，而在对流热作用的地区伊-蒙转换之间存在跃变（Xie et al.，2001）。碳酸盐胶结物的微量元素（特别是 Mn，Fe，Mg 和 Sr 等）组合及其含量变化与古流体的来源与性质密切相关，是反应古流体活动的有效记录（Varti-Mataranga et al.，1998；Rossi et al.，2001；Hood et al.，2003；胡文瑄等，2006；曹剑等，2007）。

（三）地层水化学示踪

地层水化学特性可以用于推断不同流体混合程度和流体-岩石相互作用过程（Davisson et al.，1996；Worden et al.，1999）。Varsanyi 等（1997）通过匈牙利 Pannonian 盆地南部地层水研究表明，从补给区到排泄区地下水中离子浓度发生规律性变化，即沿流线钠离子增多，而钙和镁离子减少。Xie 等（2003）通过莺歌海盆地地层水化学特征分析证实，超压段具有较低的矿化度，当超压段流体幕式突破进入常压段会导致地层水的淡化。锶同位素对证明地层水中锶的来源有着巨大的作用，同时说明了水岩相互作用的强度，以及区域地下水在流动过程中的混合程度。锶中^{87}Sr的富集主要是由大陆侵蚀风化引起的，而其贫乏来自于地幔（Davisson et al.，1996）；Barnaby 等（2004）分析了新墨西哥宾夕法尼亚系碳酸盐储层地层水$^{87}Sr/^{86}Sr$比值，西部下倾岩层的比值明显高于东部上倾岩层比值，咸水中较高盐度和盐岩溶解的增加暗示着放射性^{87}Sr来源于蒸发；史婷婷等（2012）以松辽盆地北部为研究对象，基于地层水的水文地球化学特征、锶-氢-氧同位素数据分析，探讨了水-岩反应与锶-氢-氧同位素的关系，判别出地层水的形成应主要以地表水（大气降水）为主，通过深大断裂循环，淋滤溶解地表以及地下各种岩石、矿物，发生水-岩相互作用，形成高$^{87}Sr/^{86}Sr$值流体与深部来源的低$^{87}Sr/^{86}Sr$值地质流体（火山-地热水）混合而成。

近年来，石油生成、运移和成藏演化过程中的无机地球化学记录引起了人们的广泛兴趣（胡明安，2000；包志伟等，2000；徐庆鸿等，2005）。烃类流体在运移途中会与地层中的岩石和水发生流体-岩石相互作用和物质交换，流体和岩石中几乎所有的元素和同位素组成都受到了影响（曹剑等，2007）。因此，通过对流体和岩石元素/同位素组成的分析，可以反演石油运移过程，如 Cai 等（2001）通过研究塔里木盆地塔中地区的油田水的矿化度、各种离子和氢氧同位素变化规律，认为研究区的油田水运移方向与油气运移方向一致，展示了地层水无机地球化学在油气运移中的应用。

（四）流体包裹体示踪

沉积盆地自生矿物中的流体包裹体是成岩成矿流体在矿物结晶生长过程中，被包裹在矿物晶格缺陷或窝穴中的、至今尚在主矿物中封存并与主矿物有着相的界限的那一部分物质（施继锡，1987）。流体包裹体测得的均一化温度和压力代表了包裹体形成时的最低温度和压力（Roedder et al.，1980），反映盆地内部热液活动及油气运移的某些特征，对油气成藏条件的分析具有较大的参考价值。流体包裹体是热流体活动的直接证据，它直接记录了热流体活动期次和温度范围，同时还可以利用 CO_2 密度法和 CO_2 摩尔浓度法估算流体压力，由此判断古温压演化。流体包裹体及稳定同位素示踪成矿物质来源（李胜荣等，1991；周作侠等，1993；范宏瑞等，2000；毛景文等，2000）。张连昌等（2002）和薛建玲等（2013）利用黄铁矿流体包裹体氦、氩同位素对胶东邓格庄金矿床矿物质来源进行示踪；李永峰等（2005）利用流体包裹体 He、Ar、S、H、O 同位素组成对豫西公峪金矿床成矿流体来源进行了判断；朱赖民等（2009）开展了华北地块南缘钼矿床黄铁矿流体包裹体氦、氩同位素体系及其对成矿动力学背景的示踪研究。孙晓明等（2004）总结了流体包裹体中微量气体组成及其成矿示踪体系，共包括 N_2-Ar-He 体系、$CO_2/CH_4-N_2/Ar$ 体系、$CO_2-CH_4-H_2$ 体系、$CO_2-CH_4-C_2H_6$ 体系、$CH_4-C_2H_6-C_3H_8$ 体系及 $C_2H_6-C_3H_8-C_6H_6$ 体系。

（五）地球物理识别方法

热流体活动不仅可以导致温压场变化及地球化学指标异常，而且在各种地球物理资料上均有特殊的响应形式。如在现今海底形成由流体逸散后流下的麻坑并发现有气苗，中浅层显示有“气烟窗”（Davison et al.，2000）。

稳定同位素在盆地流体研究中的常规应用包括了示踪性，盆地流体研究中涉及的稳定同位素主要有氧、氢、碳、硫、氮，其中碳元素示踪碳酸盐岩和二氧化碳来源，氧元素示踪地层水来源、水-岩相互作用等，氢元素主要用来判断地层水和含水矿物的来源，硫元素可用来指示含硫矿物来源（郑永飞等，2000）。流体中稳定同位素是了解地下流体来源与成岩变化的重要途径之一（李延河，1998）。Ballentine（1996）认为通过对地层流体中同位素的精确定量分析，可确定流体注入地层的各种边界条件以及各流体之间的混合程度。Criss（1987）从开放体系/交换动力学的角度对水-岩交换进行了研究，建立了几种定量-半定量的模型。

七、盆地流体模拟技术

盆地流体模拟的中心任务是盆地流体运动过程模拟和流-岩相互作用过程模拟。盆地流体模拟所遵循的基本准则是孔隙流体运动的达西定律、能量守恒和质量守恒定律。由此建立孔隙流体的温度和压力的祸合方程，利用有限元法解上述非线性祸合方程，从而可动态地恢复盆地不同演化阶段的温度场、压力场和流体场（解习农等，1999）。在20世纪80年代，人们遵循流体运动的达西定律和质量守恒定律编制一系列盆地流体运动学模拟软件，如1986年美国伊利诺斯大学地质系利用有限差分法推出了二维盆地流体模拟软件BASIN2。这些模拟软件多数利用数值模拟技术模拟盆地演化过程中沉积物物性、温压场以及流体流动速度、流量等参数随时间的变化。盆地流体既是油气运移、聚集的载体，也是其他成矿流体的载体。所模拟的古水动力场及演化特征可以作为其他模拟研究的基础，比如油气成藏动力学模拟、流体-岩石相互作用过程模拟、与地下水活动相关的生物作用过程模拟等。近年来在该领域的发展也逐渐从单一模型向流体动力学过程与水-岩相互作用的化学动力学过程结合的系统动力学模型的发展（解习农等，2003）。

流体-岩石相互作用过程模拟。早期的工作主要从化学和热力学原理出发，研究不同温压条件下系统中矿物、气体、有机质和水溶液间可能发生的化学反应（Kharaka et al., 1988）。模拟方法包括正演模拟和反演模拟。由此来判断孔隙水和溶质变化情况。如陈繁荣（1995）曾以江西银山矿床为例，利用计算机模拟研究了成矿流体的演化对金属元素迁移、沉淀的影响；周涛发等（2002）通过安徽月山（铜、金）矿田成岩成矿作用研究，认识到岩浆水与流经岩石的水-岩作用不仅对成矿流体中矿质的进一步富集具有重要意义，而且水-岩作用、大气降水的混入作用引起的成矿热液系统物理化学条件的变化，是成矿物质从成矿流体中沉淀成矿的主要原因；夏林等（2003）模拟了湖北铜山口铜（铝）矿床的水岩反应和金属沉淀过程；张军涛等（2011）选取川东南地区志留系龙马溪组盖层泥岩，在不同温压条件下，与淡水和含乙酸流体进行水岩反应实验模拟，研究盖层在不同的成岩环境下，水岩反应对储层形成及油气保存方面的影响；王崇等（2012）基于水岩反应滴定计算模型对泥河铁矿床叠加蚀变带进行了水岩反应的数值模拟，获得了泥河铁矿床叠加蚀变阶段的成矿流体与对应原岩反应的物理化学条件变化，以及矿物溶解/沉淀变化的过程。Reed等（1986）、Lu等（1992）对斑岩铜矿体系的矽卡岩化过程进行了数值模拟，在此过程中已经建立了比较完善的水岩反应模型。近年来在该领域的发展也逐渐从单一模型向实用型发展，如将流体-岩石相互作用与孔隙度变化结合（Gouze et al., 2002）。尽管盆地流体模拟技术尚待完善，但计算机模拟为定量描述或刻画沉积盆地在三维空间及整个演化历史中的流体或油气成藏过程提供了有效的工具，从而使我们获得对盆地流体形成演化随时间的立体的、动态的概念和认识。

第三节　非常规能源流体地质学课程内容及要求

近年来，世界范围内的常规油气资源紧缺的问题越来越严重，非常规油气资源的大规模开发逐渐提到日程上来。随着我国国民经济的持续快速发展，油气供需矛盾也已经成为制约我国经济和社会发展的主要瓶颈之一，非常规油气资源勘探开发逐渐成为国内能源可持续发展最现实的解决途径之一。中国非常规油气资源非常丰富，致密油气、页岩油气、煤层气、油砂、油页岩和天然气水合物等开发利用潜力巨大，是目前最为现实的接替能源。非常规油气资源的勘探开发和利用与常规油气资源存在着较大差异。

沉积盆地作为一个动力学演化的整体（Allen et al., 2005），随着盆地的动力学演化，地层流体产生并流动，并导致盆地内温度、压力和流体化学成分的变化，尤其是其潜在的热和质的传输能力，对各类矿藏的形成、聚集具有关键作用。因此，沉积盆地中流体场可用其化学组成、温度和压力3个特征量来表示，研究的主要内容包括流体温度场、流体化学场、流体动力场及其演化过程。

非常规能源流体地质学课程通过介绍含油气区（盆地）地下水的形成过程、赋存条件及分类，流体温度场与压力场的形成机制，流体驱动因素与运聚机制，非常规油气聚集机制与成藏类型，流体-岩石作用模式与作用类型，流体示踪技术和流体模拟原理与方法，使学生了解非常规油气生成、运移、富集成藏过程中流体的类型，理解流体温度场、压力场和化学场的基本性质和特征，掌握研究非常规油气区流体场演化过程的基本理论和基本方法。

第二章　水文地质基础

地下水是沉积盆地流体的重要组成。相对于常规油气，水文地质条件对非常规油气资源的勘探开发有着更加重要的影响。因此，本章将介绍地下水的形成与起源、地下水的赋存状态、地下水的分类、地下水的补给、排泄与径流等基本概念和基本规律。

第一节　地下水形成与起源

随着科学实验资料的不断积累和生产实践的持续发展，尤其是近代石油、天然气勘探事业的飞速发展，对含油气盆地内地下水的形成与起源，水文地质工作者的认识基本趋向一致。主要包括：

一、沉积成因水

含油气盆地内不论海相沉积还是陆相沉积都是在有水的环境下发生的，沉积物与水伴生，沉积作用水（软泥水）和沉积成因水，统称为沉积水。沉积作用水是在海底或湖底沉积物堆积时同软泥一起沉积下来的水，而沉积成因水主要来源于湖底软泥水演化。沉积物从松散的软泥到成为岩石，一般都经历了压实、脱水和固结3个阶段。在地质历史发展过程中，随着时间的推移，沉积物逐渐加厚，上覆地层负荷逐渐增加，在岩体重力作用下，颗粒间体积减小，沉积物部分水被挤压排出进入孔隙相对较大的岩石中（如砂岩），随后这些水经历深埋、变质等作用，形成了埋藏的层状水；而另一部分没被排出的水仍保留在沉积物中，随沉积物一起被埋藏起来，通常称其为古沉积水或封存水，它与前述压实脱出的水，共同组成了沉积成因水。海相沉积物中形成的水称海相沉积成因水，而陆相沉积物中形成的水为陆相沉积成因水，它们常埋藏在较深的封闭较好的含油气盆地中。

沉积成因水的存在，被实验及实际资料所证实，根据Burst（1969）等研究表明：压实的第一阶段（早成岩和中成岩早期）相当于最初孔隙水和过量层间水失去（沉积物含水量由70%~90%减至约30%）；随着压实作用的继续进行，在相当于蒙脱石向混合层矿物转化并脱出结晶水的阶段（中成岩晚期），沉积物的含水量由30%减至5%，这部分水对油气的形成和运移具有重要的水文地球化学意义。

二、渗入成因水

在自然界中广泛存在着大气降水和地表水的渗入作用（包括大气中水汽的凝结渗入）。一般认为，大气降水的渗入首先形成薄膜水；达到最大薄膜水量之后，继续下渗的水则为充填颗粒之间的毛细水；当包气带的毛细孔隙完全被水充满时，则形成重力水的连续下渗，不断地补给地下水。由于油田水埋藏较深，渗入过程需要很长的时间才能完成。

在地质历史的长河中，渗入水是深层地下水获得补给的重要水源之一。渗入成因水的形成，受气候，水文等补给条件及地形地貌、地层构造等诸多因素的控制。汇水面积（或补给面积）的大小也影响着地下水的补给量，沉积盆地内承压水的补给面积，主要取决于含水层直接出露的面积，其次决定于盆地内地史上形成的剥蚀面、残丘及古隆起（包括后期被沉积覆盖的）中断裂-裂隙系统的发育程度。地下水埋藏深度，决定了渗水路径的长短，一般来说，降水渗入对地下水的补给量，将随着地下水埋深的增加而减少。

三、凝结成因水

含有大量气态物质的原生岩浆在冷却过程中将气态物质分离出来，在温度、压力较低的环境里，其中的水蒸气凝结而形成的地下水称为凝结成因水。也就是说，凝结水是气态水因地热环境的变化转变为的液态水。实际资料证明，岩石中含有大量的水分，并且其含水量随埋深有所增加，如酸性岩浆在900℃时，于2km深处，含水量3.75%，当进入15km时，为9.4%，说明饱含水的岩浆在冷凝过程中，可以释放出大量的水。尽管凝结成因水在油田水储量的组成中所占比例较小，但在一些断裂和火山活动比较发育的盆地（尤其是拉张型盆地）中，凝结成因水与油气有着密切的关系。

四、深成水

深成地下水具有多源性，上地幔软流圈是深成地下水的原生水源域，岩浆壳的花岗质层为其次生水源域。从成因上分析，在原生水源域形成地幔水，包括初生的高热离解水汽及高热饱气初生水。在次生水源域形成岩浆水，包括岩浆分异水汽，底部岩浆分异水及重熔再生水。软流圈是地球水圈底部活动性最强的层位，其活动性具有重要的水文地质意义。

天然水的起源与地球本身的起源有关，地球形成时，在其深部层位中聚集着大量的易挥发组分，其中包括H_2O。来自上地幔带软流圈中的水溶液，深成含矿热液沿深大断裂运动，地幔水进入地壳的花岗质岩层中，会产生一系列复杂的作用过程，包括区域变质作用、交代作用和花岗岩化作用。这些作用的总趋势是离不开水，水是最活跃的参与者。当作用终止后，水则脱出，形成变质成因的和岩浆期后的“再造”溶液，不断向上运移到地壳沉积圈。

石油水文地质工作者，根据地下水在自然界的分布与赋存的空间部位，提出深成水参与石油、天然气矿床的形成，这具有重要的理论价值与实际意义。

综上所述，油气田中水的起源与成因比较复杂。我国众多含油气盆地油田水的组成也不尽相同，就对油气藏形成所起作用大小而言，沉积成因水和渗入成因起了主导作用，而凝结成因水和深成水在局部地区或特定地质条件下有一定的意义。这些不同成因的水，参与了地壳中水的地质-水文循环全过程（图2-1）。

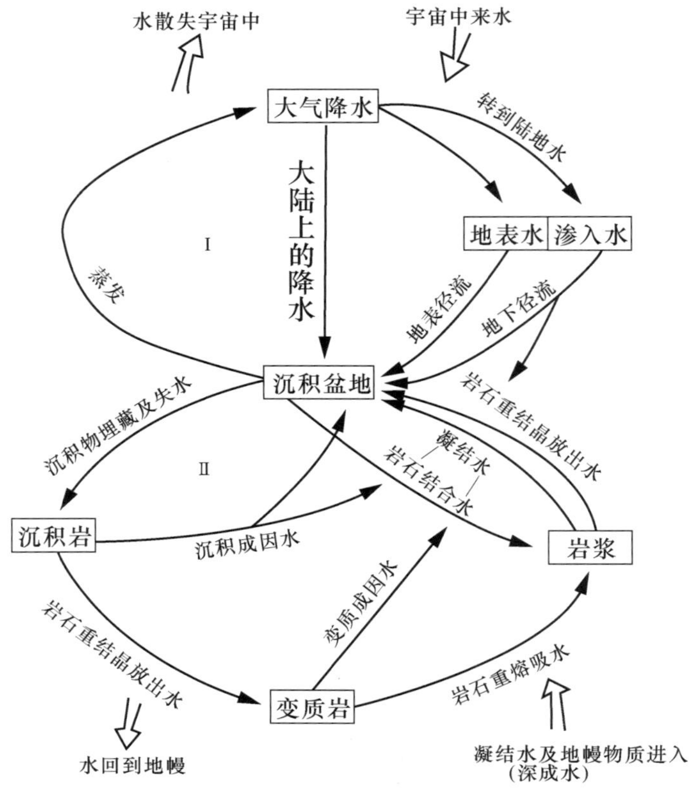

图 2-1　地壳中水的水文（Ⅰ）及地质（Ⅱ）循环的关系
（据李伟等，2008）

第二节　地下水赋存状态

盆地中的岩石或多或少都存在孔隙，这就为地下水的赋存提供了必要的空间条件。正如俄罗斯学者维尔纳茨基的形象描述，“地壳表层就像饱含水分的海绵”。盆地的水文地质特征分析有助于识别成岩作用过程和成岩作用类型，是建立和恢复盆地流体场演化史的基础。

岩石孔隙是地下水储存场所和运移通道，孔隙特征（多少、大小、形状、连通情况和空间变化等）对地下水的分布和运动具有重要影响。地层水赋存的空间类型可分为 3 类，即：固结的松散岩层中的孔隙、固结岩层中的裂隙和可溶性岩层中的溶穴。因此，也对应着孔隙水、裂隙水和岩溶水 3 种地下水类型，按其物理性质上的差异，可以分为气态水、吸着水、薄膜水、毛细水、重力水和固态水。

一、气态水

气态水充满在未被水饱和的岩石孔隙的空气中。气态水分子之间相互联系紧密，并可以随着空气的流动而在岩石孔隙中运动。除此之外，即使当空气不移动时，气态水本身也可以发生迁移，即由绝对温度大的地方向绝对温度小的地方迁移。气态水可以由空气进入岩石孔隙中形成，也可由液态水的蒸发而形成。反过来，当周围温度降低或湿度加大，达到饱和状态时，可以凝结成为液态水。由于空气中的水蒸气、气态水及液态水之间处于动平衡的相互转化过程中，所以对岩石中水的分布及重新分配有一定的影响。

二、结合水

（一）吸着水

矿物颗粒和岩层孔隙表面都带有电荷，而水分子又是偶极体，由于静电吸引，固相表面具有吸附水分子的能力（图 2-2），在颗粒表面形成吸着水。它与岩石结合得非常紧密，在强大吸附力影响下，吸着水具有与众不同的特点：不受重力作用的影响，在一般条件下也不移动，只有将它加热到 105~110℃，使其转变为气态水后才能移动；它的密度>1g/cm^3，在零下 18℃时，尚不结冰；无溶解能力，不传递静水压力。吸着水在岩石微粒上形成很薄的膜。其水量则决定于孔隙内空气的湿度。

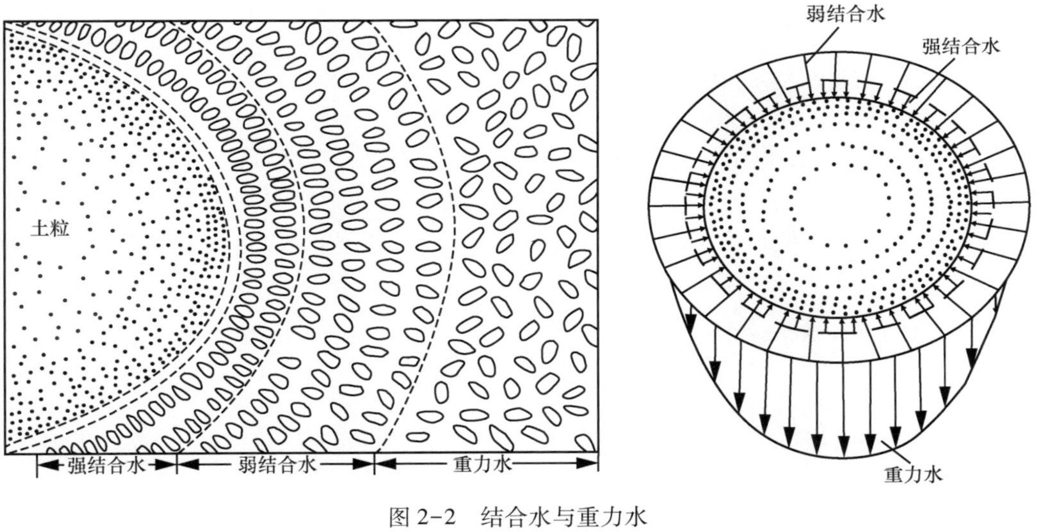

图 2-2　结合水与重力水

（据王大纯等，1986）

（二）薄膜水

在颗粒表面的吸着水层的外面，还有一些水分子也受到颗粒表面静电引力和水分子引力作用的影响，以薄膜增厚的形式，形成较厚的一层薄膜水。薄膜水在液态时也能发生运动，但这种运动与重力作用无关，此时的重力作用比起颗粒表面的吸力要小得多。当相邻两个颗粒上薄膜水的厚度不同时，水层薄的地方，水分子距颗粒表面近，颗粒表面的吸引力大。相反，当水层厚时，外部的水分子距颗粒表面远，吸引力小，水便由水层厚处向薄处移动，直到两个颗粒表面的水层厚度相等时为止。由于薄膜水并不能完全充满岩石的全部孔隙，所以不传递静水压力。

吸着水和薄膜水都是受分子引力和静电引力的作用吸附于岩石颗粒表面的。因此，有些水文地质学者将其合并统称为结合水，根据吸引力的强弱程度，将前者称为强结合水，后者称为弱结合水。根据库仑定律，电场强度与距离平方成反比。因此，离固相表面越近的水分子受到的静电引力越大；随着距离增大，吸引力减弱，而水分子受自身重力的影响更显著。受固相表面的引力大于水分子自身重力的那部分水，称为结合水。此部分水束缚于固相表面，不能在自身重力影响下运动。结合水的含量，取决于岩石颗粒的总表面积，岩石颗粒愈细小，其颗粒表面的总面积愈大，结合水的含量便愈多，如黏性土中所含的吸着水和薄膜水分别为18%和45%；而砂性土中的含量分别不到0.5%和2%，对于具有裂隙和孔隙的岩层来讲，吸着水和薄膜水的含量是微不足道的。

三、液态水

（一）毛细水

毛细水为储存于岩石毛细孔隙和微裂隙内的水，受重力和毛细力的作用，可传递静压力，引起水的运动。略低于0℃时即可结冰。毛细水在岩石中的上升高度决定于许多因素，其中最主要的是颗粒成分、孔隙度、岩石结构（颗粒大小、形状、排列密度、均匀程度等）及水的黏滞性等，并随毛细管直径增大和温度升高而降低。此外，水中所含盐分的浓度与成分，对毛细上升高度也有影响。如盐类浓度增大时，表面张力也增大，因而矿化的咸水上升高度比淡水高。

岩石中存在细小的孔隙时，通过毛细作用，在地下水面以上形成毛细水带，这种毛细水称为支持毛细水；细粒粗粒交互成层，地下水位下降时，在细颗粒层中会保留与地下水面不相连接的毛细水，这种毛细水称为悬挂毛细水。即使在粗粒层中，当地下水位下降时，颗粒接触处孔隙大小也可以达到毛细管的程度而形成弯液面，将水滞留在孔角上形成孔角毛细水（图2-3）。

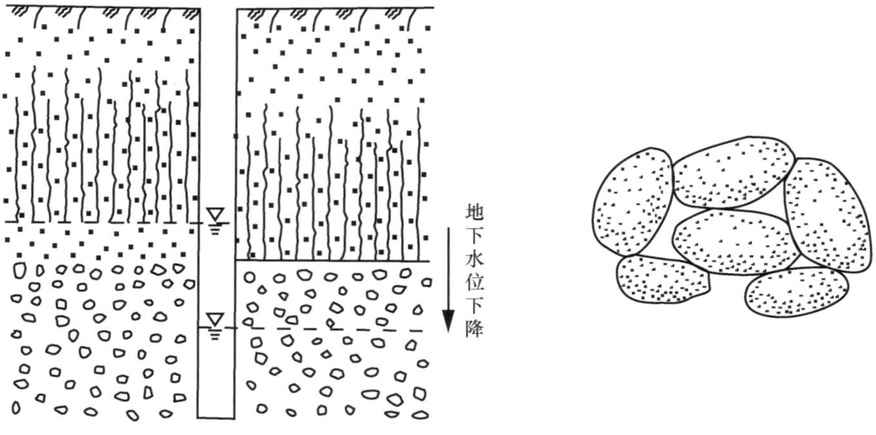

图2-3　高水位支持毛细水（井左侧）、低水位悬挂毛细水（井右侧）及孔角毛细水（右图）
（据王大纯等，1986）

（二）重力水

重力水存在于岩石的孔隙、裂隙和孔洞中，属于自由水类。当薄膜水的薄膜继续增大时，水与岩石颗粒间的作用力逐渐减小。当这种力量不能维持薄膜水继续增长时，即变成液态水滴，并在重力作用下发生移动，这样就在岩石中形成了向下流动的重力水。重力水是一种重要的液态水，也是地下水资源的补充来源之一。重力水不受分子引力的影响，只受重力作用的控制，可以传递静水压力而自由运动，从而能对岩石起到冲刷、侵蚀和溶解作用。重力水中靠近固体表面的那一部分，仍然受到固体引力的影响，水分子的排列较为整齐，流动时呈层流状态。离固体表面更远的重力水，只受重力作用，流速达到一定程度，将转为紊流状态。重力水是水文地质研究的主要对象。

四、固态水

当岩石的温度低于水的冰点时，岩石中的水由液态变成固态，以冰的形态出现的重力水，称为固态水。如在我国黑龙江省、内蒙古自治区北部及青藏高原等某些地区，均见及固态水。近年来，天然气水合物引起人们的关注，它是一种拥有巨大潜力的新型能源矿产，是在较低温度和较高压力条件下，由某些气体分子（如甲烷等）充填于水分子的晶格中形成固体冰状物。

除了上述存在于岩石孔隙中的水以外，还有一些水存在于矿物中，称为矿物水，如沸石水、结晶水、结构水等。在石油勘探开发中沿用束缚水的概念，其实质类同于上述的吸着水和薄膜水的总称，束缚水在油层的含量平均为15% ~25%。

第三节　地下水分类

地表以下一定深度，岩石的孔隙被重力水所充满，形成地下水面。地表到地下水面这一部分，称为包气带或非饱和带；地下水面以下称为饱水带（图2-4）。

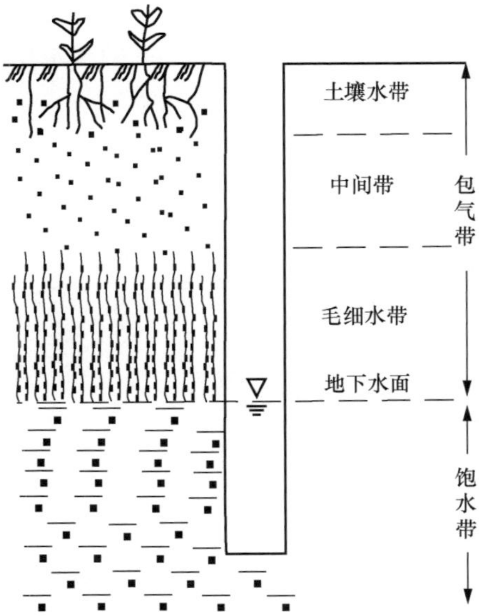

图2-4　地下水垂向分带特征

（据王大纯等，1986）

地下水的分类依据有很多，其中最主要的是埋藏条件与含水介质类型。所谓地下水的埋藏条件，是指含水岩层在地质剖面中所处的部位及受隔水层限制的情况。据此可将地下水分为包气带水、潜水及承压水。按含水介质类型，可将地下水区分为孔隙水、裂隙水及岩溶水。将两者组合可分为9类地下水（表2-1）。

表2-1 地下水分类表

	含水介质类型		
	孔隙水	裂隙水	岩溶水
包气带水	土壤水 局部黏性土隔水层上季节性存在的重力水（上层滞水）过路及悬留毛细水及重力水	裂隙岩层浅部季节性存在的重力水及毛细水	裸露岩溶化岩层上部岩溶通道中季节性存在的重力水
潜水	各类松散沉积物浅部的水	裸露于地表的各类裂隙岩层中的水	裸露于地表的岩溶化岩层中的水
承压水	山间盆地及平原松散沉积物深部的水	组成构造盆地、向斜构造或单斜断块的被掩覆的各类裂隙岩层中的水	组成构造盆地、向斜构造或单斜断块的被掩覆的岩溶化岩层中的水

（据王大纯等，1986）

一、含水层、隔水层和弱透水层

饱水带的岩层，按照其传输和给出水的性质，可划分为含水层、隔水层及弱透水层（图2-5）。含水层是饱水并能传输与给出相当数量水的岩层。松散沉积物中的砂砾层、裂隙发育的砂岩以及岩溶发育的碳酸盐岩等，是常见的含水层。隔水层是不能传输与给出相当数量水的岩层。裂隙不发育的岩浆岩及泥质沉积岩等，是常见的隔水层。弱透水层是本身不能给出水量，但垂直层面方向能够传输水量的岩层。

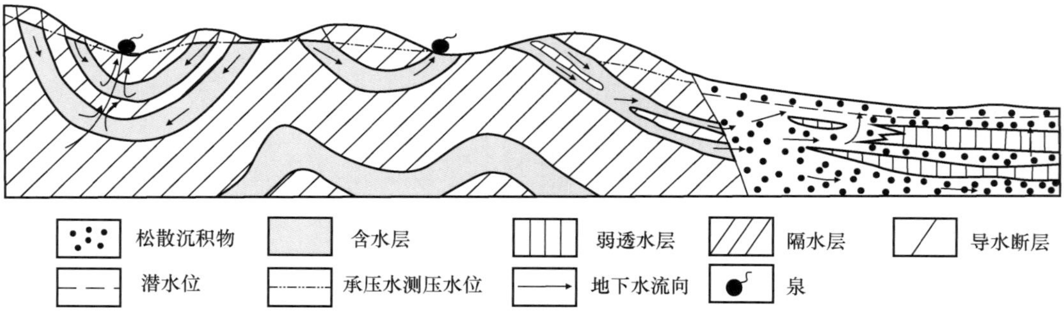

图2-5 含水层、隔水层、弱透水层分布示意图
（据王大纯等，1986）

含水层和隔水层的划分是相对的，并不存在截然的界限或绝对的定量标志，关键在于所含水的性质。孔隙细小的岩层含的几乎全是结合水，结合水在寻常条件下是不能移动的，这类岩层实际上起着阻隔水的作用，所以是隔水层。而孔隙较大的岩层主要以重力水

为主，在重力作用，能透过和给出水，就构成了含水层。从严格意义上说，自然界是不存在绝对隔水层的，只要时间尺度足够长，也会发生渗流，并且含水层和隔水层在一定条件下可以相互转化。

二、潜水

潜水是埋藏于地表以下第一个稳定隔水层之上具有自由表面的重力水。其自由表面也称潜水面，若以高程表示则称潜水位。自地表至潜水面间的距离为潜水的埋藏深度。潜水没有隔水顶板，或只有局部的隔水顶板。自潜水面至其下隔水层以上之地带均充满重力水，故称为含水层，其间距离即是含水层的厚度。其下隔水层即为此含水层的底板。

由于潜水含水层上面不存在隔水层，直接与包气带相接，通过包气带与大气圈及地表水圈发生联系。所以，气候、地形等因素的变动，对它影响显著，一般情况下，潜水面的位置不是固定不变的，多随水文气象因素的变化而变化。其形态可以是水平的、倾斜的或抛物线等，也常出现上述各种形状的复杂组合。潜水面形状与地区地貌形态和隔水底板的坡度有关；其次，含水层的岩性、厚度变化及水文网发育情况等，均对潜水面的形状有一定的影响。潜水面不是水平的，而是向排泄区倾斜的曲面，起伏大体与地形一致，但常较地形起伏缓和。

潜水的补给源是大气降水和地表水，当深部承压水与潜水之间有联系时，也能成为潜水的补给源。潜水的排泄方式主要为蒸发、汇入地表低洼处或地表水流中，或以泉水形式出露于地表。大气降水或地表水流对潜水补给的数量，既取决于补给源水量的变化及延续时间，也取决于潜水面之上包气带和潜水含水层颗粒级别的变化。而承压水补给潜水，常通过构造破碎带或断裂及其伴生的裂隙而产生。有些地区潜水分布于承压水排泄区之上，由于承压水的水位较高，而补给潜水。潜水的化学成分比较复杂，随地而异，变化较大，就矿化度而言，在同一地区高于上层滞水。在干旱或干旱炎热的条件下，潜水面的变化或潜水的蒸发会导致沼泽化与土壤盐渍化。

潜水是水文地球化学找油方法的主要研究对象，许多含油气盆地的实际资料证明，油气藏上方存在着明显的浅层地球化学效应。建立在油气垂向微运移理论基础上的水化学找油方法，在盆地早期含油气远景预测评价，指出油气富集的有利区带等方面，具有快速、可靠、成本低的特点。

三、承压水

充满于两个隔水层之间的含水层中的水，称为承压水。承压含水层上部的隔水层称为隔水顶板，下部的隔水层称为隔水底板。顶、底板之间的垂直距离为承压含水层厚度。承压性是承压水的一个重要特征，要证实水的承压性并不难，用钻孔揭露含水层，水位将上升到含水层顶板以上一定高度才静止下来，静止水位高出含水层顶板的距离便是承压水头，井中静止水位的高程就是含水层在该点的测压水位，测压水位高于地表时，钻孔能够自喷出水。

承压水受到隔水层的限制，与大气圈、地表水圈的联系较弱。当顶底板隔水性能良好时，它主要通过含水层出露地表的补给区获得补给。当顶底板为弱隔水层时，它还可通过从上部或下部的含水层获得补给。无论在哪一种情况，承压水参与水循环都不如潜水那样积极。因此，气候、水文因素的变化对承压水的影响较小，承压水动态比较稳定。承压水的形成首先决定于地层构造，在适当的地层构造下，无论含水层内是孔隙水、裂隙水，还是喀斯特水均能构成承压水。形成承压水的地层构造大体上可以分为两类：第一类是盆地、洼地或向斜构造；第二类是单斜构造。承压水与石油、天然气有密切的关系，与油气伴生的油田水都具有承压现象，属于承压水的范畴，是油田水文地质研究的重点。承压水的一些专用参数与概念如图 2-6 所示：

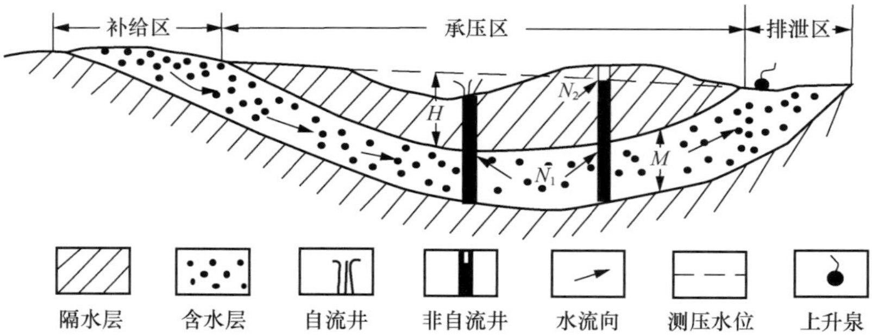

图 2-6　承压水盆地及参数示意图
（据王大纯等，1986）

1）补给区：位于盆地周边，含水层出露于地表或位于盆地内部的古隆起或剥蚀残丘等，地形（包括古地形）较高，承压水的供水源区。

2）排泄区：位于盆地内地形或高程相对较低的地区，或开启性断裂形成地下水的通道，使水外泄。

3）承压区：介于补给区和排泄区之间的地区。

4）初见水位：钻开隔水顶板之后，涌入井中水的高程（N_1）。

5）静止水位：井中水上涌至一定高度后，不再上升，稳定后的水面高程，亦称测压水位（N_2）。

6）承压水水头：自静止水位至隔水层顶板的距离用 H 表示之，即 $H = 10P/d_w$ 。
式中：H 为水头高度，m；P 为静水压力，atm❶（按 10m 淡水水柱重为 1atm 计）；d_w 为水的相对密度。

7）含水层厚度：隔水顶板到隔水底板之间的垂直距离，用 M 表示。

8）等水压线：含水层测压水位相等各点的连线。

9）水力坡度：单位距离的水头（位）损失。即 $I = h/l$
式中：I 为水力坡度，无因次量；h 为水头差，m；l 为水平距离，m。

承压区压力水头的大小各处不同，决定于隔水顶板与静止水位之间的距离，隔水顶板的相对位置越低，水头愈高。承压水能否涌出地表，取决于静止水位与地表高程之间的相对关系。当静止水位高于该点地形高程时，水可涌出地表；而当静止水位低于该点地形高程时，则水只能上升到离地表处有一定距离的某一高度。水的自补给区，经承压区，到达

❶ 1atm（标准大气压）= 101325Pa。

排泄区，常在地形低洼处溢出或以泉水的形式排泄；在断裂比较发育的地区，导水断层也是一种排泄方式。在局部地区，含水层的隔水顶板与底板岩性发生变化时，形成透水“窗”。

承压水的水质变化比较复杂，受区域与局部等诸多因素的控制变化很大，但有一定的规律可循。就承压水盆地来讲，从补给区→径流区→排泄区，水的矿化度由低到高，即从<0.5g/L 的淡水，增高至每升几百克的卤水；离子组成由重碳酸盐的碱土金属逐渐过渡到氯化物盐的碱金属。承压含水层的化学成分变化，除与上述水动力条件有关外，还受下列因素的制约：

1）地下水的成因。承压水含水层通常由不同时代的岩层组成，埋藏比较深。水在其中循环比较慢，且与沉积成因水伴存与混合，使矿化度增高，矿化类型趋向变质。而在邻近补给区的水化学成分，受渗入成因水的影响，趋向淡化。

2）沉积环境。承压水循环于沉积物之中，其化学成分受控于沉积环境，如大陆沉积与海洋沉积、陆相中河湖相淡水沉积与潟湖相咸水沉积等，由于原始沉积物的含盐量不同，循环其中的水必然有所差异。

3）埋藏深度差异极大（从地表以下几米到数十米），湿度和压力条件有很大区别，促使水化学成分和物理性质产生相应的变化。

4）地层、构造因素。蕴藏与运动于某种岩层中的承压水，必然会含有与含水层岩性相应的化学成分，如循环于含盐岩层的水，矿化度、Cl^-、Na^+的含量增高；而循环于含石膏岩层的水，其化学成分中 SO_4^{2-} 和 Ca^{2+} 的含量增高等。水溶滤岩石，导致水化学成分具有围岩成分的某些特点，一些稀有元素、气体组分也是如此。在不同的构造或构造单元内，承压水化学成分的演变方向不尽相同，如隆起区，主要发育着溶滤作用，水化学成分趋向淡化；在凹陷内，以浓缩变质和脱硫作用力主，水化学成分趋向于咸化；断裂及其破碎带，可使水化学成分发生混合。

油田水是承压水的组成部分，其水化学成分的复杂性和多变性，除与上述因素有关外，还同油气所处的特殊环境下的物理化学作用有关。

四、上层滞水

当包气带存在局部隔水层时，在局部隔水层上积聚具有自由水面的重力水，称为上层滞水。其特点是，补给区与分布区一致，主要接受大气降水和地表水的补给，而以蒸发或向下渗透的形式排泄。该类水的动态主要决定于气候、隔水层的位置、分布范围、厚度及透水性等条件。雨季获得补充，积存一定水量，旱季水量逐渐耗失。当分布范围较小而补给不充分时，不能终年保持有水。由于其一般水量不大，动态变化显著，只能在缺水地区才能成为有意义的小型水源或暂时性供水水源。并且由于水从地表补给上层滞水的途径很短，极易受污染。由于上层滞水是随季节性的大气降水和地表水而存在，并与地表直接相通，故矿化度均较低，水化学成分特点与形成，与石油天然气没有直接关系，因而在油田水研究中应用价值不大。不同地下水之间的关系及时空分布如图 2-7 所示。

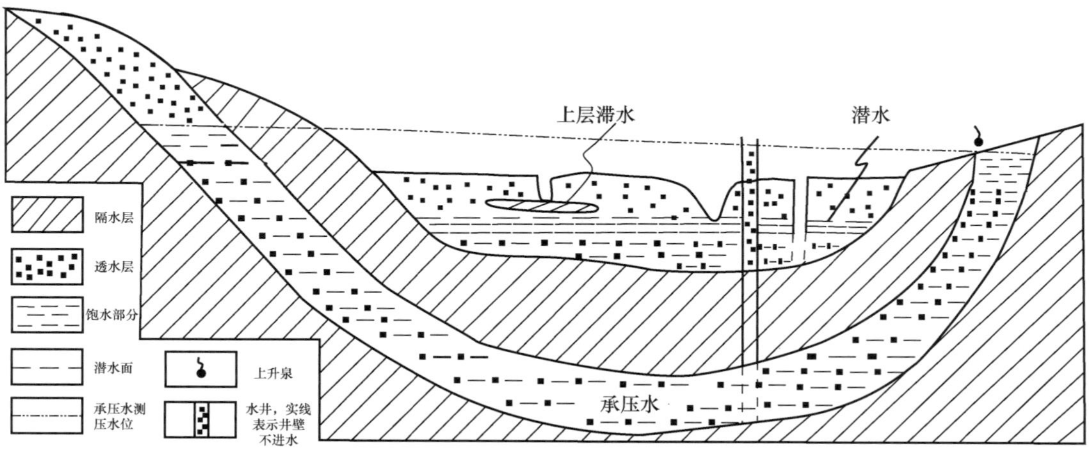

图 2-7　上层滞水、潜水及承压水分布示意图
（据王大纯等，1986）

第四节　地下水补给、排泄与径流

地下水不断地参与自然界的水循环。含水层或含水系统通过补给从外界获得水量、在径流过程中由补给处输送到排泄处，然后向外界排出。

一、地下水的补给

含水层或含水系统从外界获得水量的作用过程称为补给。补给来源主要有大气降水、地下水、凝结水和其他含水层的水。

1. 大气降水的补给

一般情况下，大气降水入渗补给含水层的水量仅占降水量的 20%～50%，其余的降水通过各种途径耗失了。落到地面的降水，部分转为地表径流，其余部分渗入包气带。入渗的水量中一部分滞留于包气带中，一部分在雨后蒸发返回大气圈，剩余的才是补给含水层的水量。

2. 地表水的补给

河流与地下水的补给关系沿着河流纵断面有所变化（图 2-8）。一般说来山区河谷深切，河水常年低于地下水面，起排泄地下水的作用（图 2-8a）。山前由于河流的堆积作用，河床处于高部位河水常年补给地下水（图 2-8b）。冲积平原与盆地的某些部位，河水面与地下水面的关系随季节而变（图 2-8c）。在某些冲积平原中，河床因强烈的堆积作用而形成所谓“地上河”，河水经常补给地下水（图 2-8d）。

3. 凝结水的补给

在某些地方，水蒸气的凝结对地下水的补给具有一定的意义。一般情况下，凝结形成的水相当有限。但是，高山、沙漠等昼夜温差大的地方（如撒哈拉大沙漠昼夜温差>50℃），凝结对地下水的补给作用不能忽视。据报道，我国内蒙古沙漠地带，在风成细沙中不同深度均有水汽凝结。

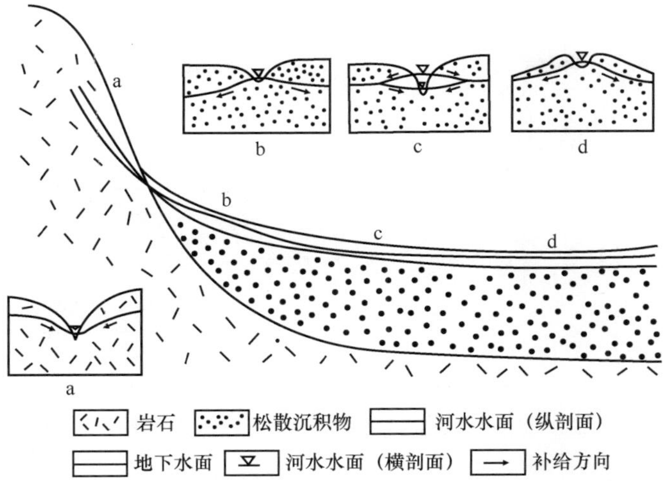

图 2-8 河水与地下水的补给关系

（据王大纯等，1986）

a—河水低于地下水面模式；b—河水高于地下水面模式；

c—河水面与地下水面的关系随季节变化模式；d—“地上河”模式

4. 含水层之间的补给

两个含水层之间存在水头差且有联系的通道时，则水头较高的含水层便补给水头较低者（图 2-9，图 2-10）。

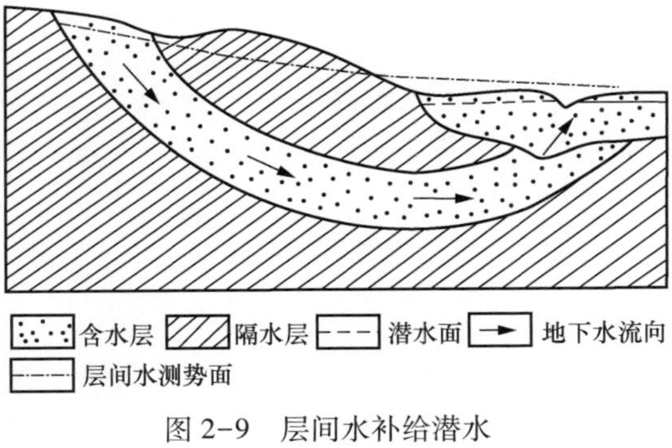

图 2-9 层间水补给潜水

（据王大纯等，1986）

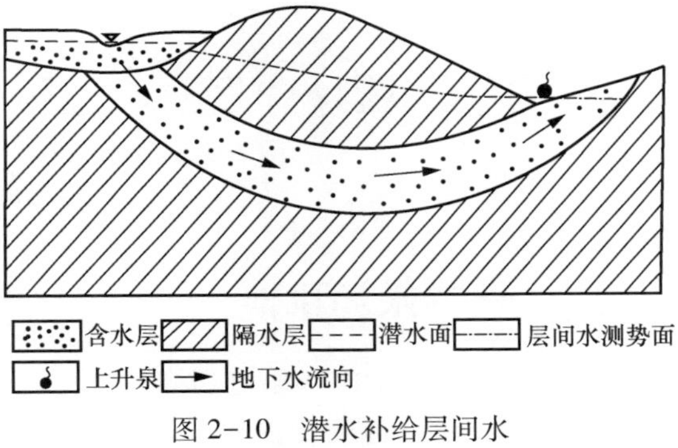

图 2-10 潜水补给层间水

（据王大纯等，1986）

隔水层分布不稳定时，在其缺失部位相邻的含水层便通过天窗发生水力联系（图 2-11）。松散沉积物及岩层都有可能存在透水的“天窗”，但通常岩层中隔水层分布比较稳定，因此，切穿隔水层的导水断层往往成为岩石含水层之间的联系通道（图 2-12）。含水层之间的另一种联系方式是越流。松散沉积物含水层之间的黏土层，并不完全隔水，而是具弱透水性。具有一定水头差的相邻含水层，通过此类半隔水层发生的渗透称为越流。根据达西定律，相邻含水层之间水头差愈大，半隔水层厚度（渗流距离）愈小，垂向渗透性愈好、则单位面积上的越流量就越大。尽管半隔水层的垂向渗透率相当小，单位面积越流量通常不大。但是，由于越流是在半隔水层分布的整个范围内发生的，过水断面非常大。因此，总的越流补给（排泄）量往往很可观。

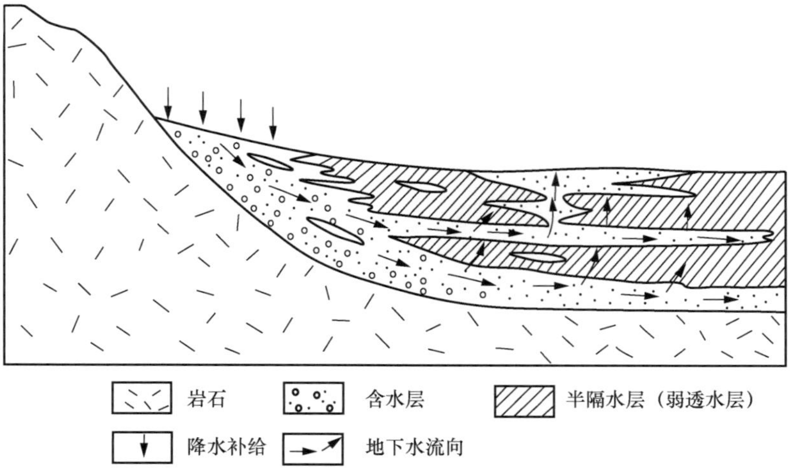

图 2-11　松散沉积物中含水层通过“天窗”及越流发生水力联系
（据王大纯等，1986）

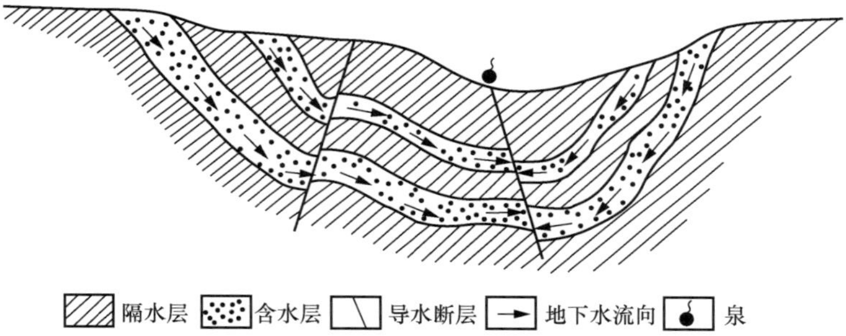

图 2-12　含水层通过导水断层发生水力联系
（据王大纯等，1986）

二、地下水的排泄

含水层失去水量的作用过程称为排泄。地下水通过泉（点状排泄）、向河流泄流（线状排泄）及蒸发（面状排泄）等形式向外界排泄。此外，一个含水层的水可向另一个含水层排泄。此时，对后者来说，即是从前者获得补给。

1. 泉

泉是地下水的天然露头，在地形面与含水层或含水通道相交点地下水出露成泉。山区及丘陵的沟谷与坡脚常可见泉，而在平原地区很少见。根据补给泉的含水层的性质，可将泉分为上升泉及下降泉两大类。上升泉由层间含水层补给，下降泉由潜水或上层滞水补给。仅仅根据泉口的水是否冒涌来判断上升泉或下降泉是不合适的。某些下降泉泉口的水流可能显示上升运动（图 2-13d，e，f）；反之，通过松散覆盖物出露的上升泉，泉口附近的水流也可能呈下降运动（图 2-13b）。

根据出露原因，下降泉可分为侵蚀泉、接触泉与溢出泉。沟谷切割揭露潜水含水层时，形成侵蚀（下降）泉（图 2-13a，b）。地形切割达到含水层隔水底板时，地下水被迫从两层接触处出露成泉，这便是接触泉（图 2-13c）。潜水流前方透水性急剧变弱、或隔水底板隆起，潜水流动受阻而涌溢于地表成泉，这便是溢流泉（图 2-13d，e，f，g）。

上升泉按其出露原因可分为侵蚀（上升）泉、断层泉、接触带泉。当河流、冲沟等切穿层间含水层的隔水顶板时，形成侵蚀（上升）泉（图 2-13h）。地下水沿导水断层上升，在地面高程低于测势面处涌溢地表，便成为断层泉（图 2-13i）。岩脉或侵入体与围岩的接触带，常因冷凝收缩而产生缝隙，地下水沿此类接触带上升成泉，便形成接触带泉（图 2-13j）。

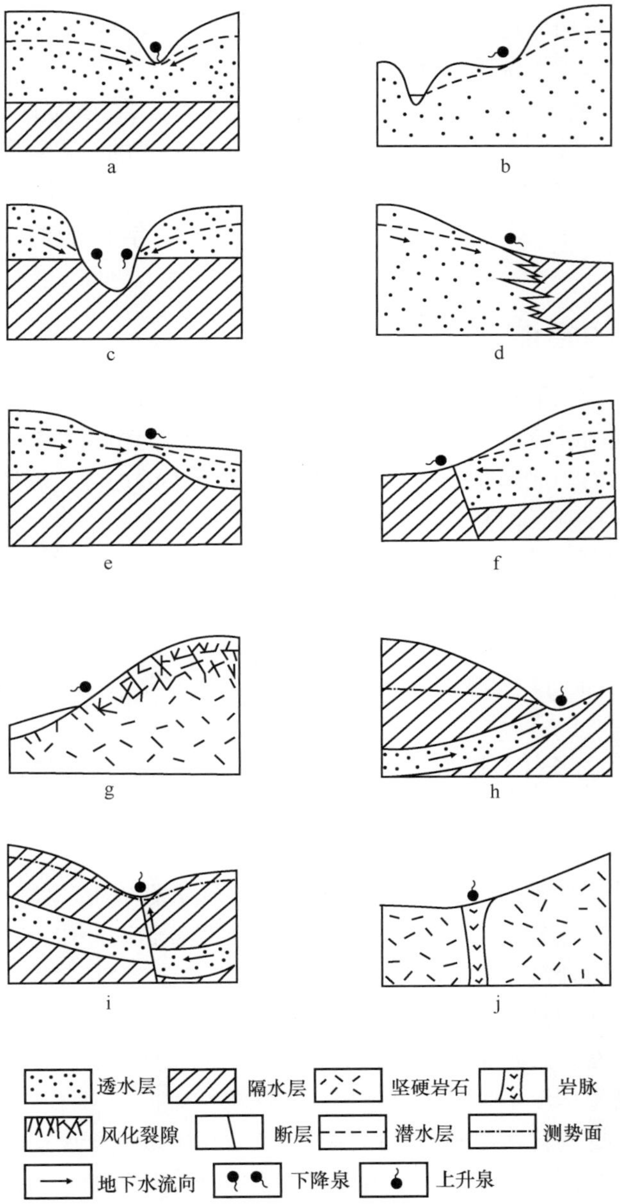

图 2-13　泉的类型

（据王大纯等，1986）

2. 泄流

地下水有时也集中排泄于河流、湖底及海底，这类水下泉与一般泉的区别是出露于水下而不在地面。在更多的情况下，地下水是分散排入地表水体中。当河流切割含水层时，地下水便沿河呈线状排泄。

3. 蒸发

地下水的蒸发排泄包括地面蒸发和叶面蒸发两种情况。

1）地面蒸发：地下水沿毛细孔隙上升，在潜水面之上形成一个毛细水带。当潜水埋藏不深，毛细水带离地面较近，大气相对湿度较低时，毛细弯液面上的水不断由液态变为气态，逸入大气。潜水则源源不断地通过毛细作用上升补给，使蒸发不断进行。

2）叶面蒸发：植物在生长过程中，经由根系吸收水分，并通过叶面蒸发逸失。叶面蒸发也叫蒸腾。根据前苏联和美国的试验，每生产单位重量的小麦颗粒，需要消耗1200~1300倍的水量。植物繁茂的土壤全年的蒸发量约为裸露土壤的两倍，个别情况下甚至超过露天水面蒸发量。成年树木的耗水能力相当大，一颗15年的柳树每年可消耗90m^3以上的地下水。

三、地下水的径流

在地球重力作用下地下水由补给区流向排泄区的作用过程称为径流。许多沉积盆地的地下水经常处于不断的径流之中。径流是连接补给与排泄的中间环节。它实际上是一种地下水重力流。地下水的排泄区总是分布在地形相对较低下的地方，因此，从总体上说，地下水的径流受地形的控制，由高处流向低处。

实际上，地下水径流有时还会更复杂。以我国华北平原为例。在总的地势控制下，由山前向滨海地下水做纵向流动；同时，山前下降的地下水流在平原中某些部位上升；在局部地形的控制下，浅层地下水由地上河及地上河谷河道下降，越流补给深层水；而在河间洼地则由深部向浅部做上升越流运动。这种径流模式可以从水质变化上得到证明。

不同的地质及气候条件会影响地下水径流的强度和水质。例如，浅部侵蚀基准面以上径流最为强烈，水的矿化度很低；向深部，随着循环途径增长，径流变弱，矿化度增大。

干旱地区细土堆积平原的潜水，为典型的渗入-蒸发型循环。水分及盐分输送到排泄区后，水分蒸发耗失，盐分就地积聚。长期循环，使得补给区的水土淡化脱盐，排泄区的地下水咸化，土壤发生盐渍化。

层间水均属于渗入-径流型循环。赋存水的地质构造规模愈小，后期的构造与侵蚀破坏愈强烈，补给愈丰富，含水层透水性愈好，则径流愈强烈，水的矿化度愈低。图中浅层水的径流强度明显高于深层水，其矿化度应低于深层水。

断块构造盆地中层间含水层的径流条件在很大程度上取决于断层的导水性。当断层带导水性良好时，构造排泄通路，地下水由含水层出露地表部分的补给区，流向断层带排泄区（图2-14a）。当断层带阻水时，排泄区位于含水层出露的地形最低点，与补给区相邻。地下水含水层底侧向下流动，到一定深度后，再反向而上（图2-14b）。此时，浅部径流强度大，向深部变弱，水的矿化度相应向深处变高。

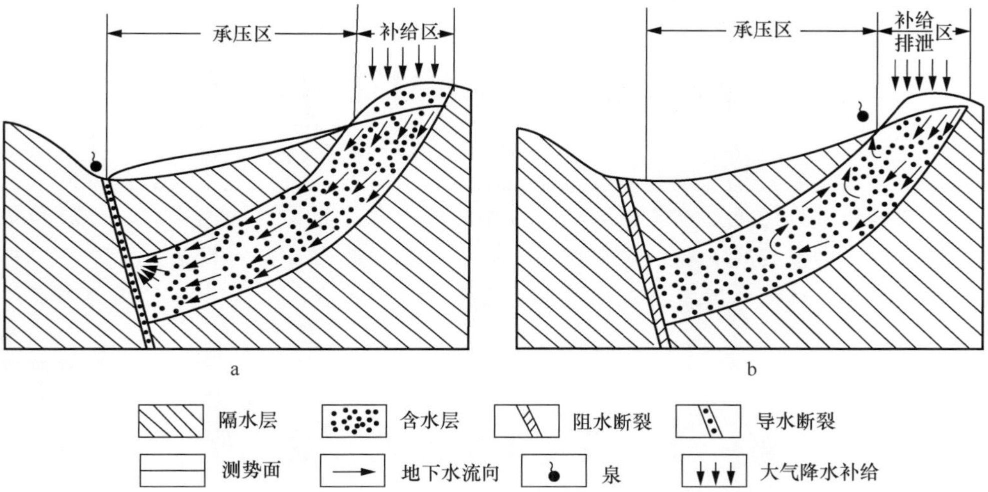

图 2-14 断块构造盆地中层间含水层径流模式

（据王大纯等，1986）

第三章　流体温度场与压力场

温度场和压力场是盆地流体活动的主要动力，也是非常规油气生成、运移和聚集的重要条件。勘探实践表明，非常规油气储层多呈现异常压力。因此，本章将介绍温度场热源及形成机制、温度场表征及影响因素、压力概念与分类、异常压力形成机制等知识点。

第一节　温度场热源及形成机制

一、盆地内的热源

地壳表层地温场是地球内热及太阳辐射热在地壳表层共同作用的结果。太阳辐射热仅影响地球表层的温度变化，其影响深度为 10 ~20m 或更深些，它是次要热的热源；地球内热则源源不断地向地表散发热量，因此，它是形成地壳表层地温场的主要热源。地球内热主要有以下几种。

（一）地幔热

地球由地壳、地幔和地核 3 部分组成。在地球形成及演变的过程中，由于放射性元素的蜕变产生大量的热，积累并贮存在地球内部岩石圈下部的地幔中的热，通过岩石圈和地壳岩石源源不断地向地面传导并散发于太空之中，形成了传导热流的主要组成部分，它约占传导热流的 60%左右。

（二）地壳中放射性元素产生的热

地壳中放射性元素（U，Th，K 等）衰变产生的热，积聚在地壳中，并不断通过岩石向地表传导、散失，是传导热流的重要组成部分，约占传导热流的 40%。

由于不同的岩石中含有不同种或不同量的放射性元素，因此岩石产热量的大小随岩性而变化，通常在蒸发岩和碳酸盐岩中的产热量最低；在砂岩中为中偏低等；在页岩和粉砂岩中较高；在黑色页岩中极高（Rybach，1976；Haack，1983）。常见沉积岩类产热率如表 3-1 所示。

表 3-1　沉积岩类产热率

岩石类别	产热率		平均密度
	$\mu W/m^3$	cal /g	kg/m^3
碳酸盐岩类			2.6×10^3
石灰岩	0.62	5.69×10^{-14}	

续表

岩石类别	产热率		平均密度
	μW/m³	cal /g	kg/m³
白云岩	0.36	3.3×10^{-14}	
砂岩类			
石英砂岩	0.33	3.28×10^{-14}	2.4×10^{3}
长石砂岩	0.85	8.45×10^{-14}	
硬砂岩	1.0	9.95×10^{-14}	
页岩类	1.8	17.9×10^{-14}	2.4×10^{3}
深海沉积物	0.87	14.33×10^{-14}	1.3×10^{3}

（据 Rybach，1976，有修改）

（三）其他热源

火山作用形成的岩浆热和岩浆体的残余热，是形成局部高温异常的重要因素；由构造运动产生的机械摩擦热和化学热，只有在个别地区产生作用，一般可忽略。

二、温度场的形成机制

热力学研究认为，相同温度的物体不存在热传递，只有物体处于不同温度时，热才能从一个物体的一部分传递到另一部分或另一个物体，并且热总是从物体中温度最高处传向温度最低处。热的传递方式有传导、对流和辐射 3 种。

地温场热源产生的热，通过不同的传递方式传到地表，传进沉积盆地，这个过程在地史时期中持续着，并形成了多种类型的地温场。

（一）热传导型地温场

依靠在物体中的微观粒子（电子、原子、分子等）的热运动而传递能量的过程称为热传导，又称导热。其特点是物体各部分之间不发生宏观的相对位移。这种能量的转移，对地壳岩石主要是依靠分子、原子在平衡位置的振动，对气体主要是依靠分子不规则热运动。热传导是热量传递的基本方式之一。

地幔热和地壳中放射性元素衰变产生的热（地温场的主要热源），从深部通过岩石传导至地壳表层而形成的地温场，称为热传导型地温场，这是形成区域地温场分布的基本模式。区域地温场的分布与区域地壳厚度有着密切的关系，地壳薄的地区（如我国东部），地温偏高；地壳厚的地区（如我国西部），地温偏低。在大中型盆地中，地温的分布一般同区域地质构造一致，如盆地中基底的起伏常与地温的高低成正向关系。这是因为基底的热导率高于盖层而形成局部异常。在传导型地温场中，隆起区地温梯度多数在 4℃/100m 左右。

（二）热对流型地温场

流体从空间某一区域移动到另一个温度不同的区域时，所造成的能量转移称为热对流。这是热量传递的另一种方式，它只可能在液体和气体中发生。一般情况下，在热对流的同时流体各部分之间还存在着热传导。

盆地或山区，由于构造运动常造成许多导水的节理、裂隙及深大断裂，当地下深部的热水沿这些通道向上流动或地表冷水顺这些通道向下流动时，就会形成局部异常的地温场，这就是热对流型地温场。这是一种局部地温场，它是在热传导基础上叠加形成的。热对流对沉积盆地地温场影响有两个方面：一是提高地温（增温型），二是降低地温（冷却型）。

1. 增温型

在地质条件适合于深部热水向上流动时，热对流作用造成高的地温场，其主要特征是：在盖层中的地温梯度>4℃/100m，在基底岩石中将大大减小至2℃/100m左右；由于基底中发育有大量的裂隙、裂缝，给热水对流造成良好的条件，因此基底和盖层中水的化学成分较均一。

2. 冷却型

地表冷水沿节理、裂缝下渗，而后沿岩石的裂隙、溶孔径流，并吸收围岩的热量，使区域地温场降低。对于多数地区来说，地表水在入渗之后，由于地下径流变得滞缓，水温很快就与围岩达到平衡，故而影响较浅。

（三）热辐射对地温场的影响

由电磁波来传递热量的方式叫作热辐射。它与热传导和热对流这两种热量传递方式在本质上是不一样的。当两个物体以热辐射的方式进行热量传递时，一个物体的热能先转化为辐射能，以电磁波的形式传播给另一物体，另一物体吸收了部分辐射能并转化为热能。太阳能向地表传递热的过程就是一种热辐射过程。

研究表明，在太阳辐射的能量中，大约有34%经大气的散失、地表的反射，其余的有66%使大气和地表受热。太阳热辐射对海洋的影响深度约为150~300m，对陆地的影响仅为10~20m。可以认为，热辐射对地温场的影响主要体现在地表温度上。

综上所述，3种方式的热传递对地温场的影响各不相同。热传导控制着区域地温场，是地温场研究的重点；热对流常造成局部地温异常；热辐射影响着地表温度。

第二节　温度场表征及影响因素

一、温度场的特征参数

地温场是地温在时空中的分布，介质中某一点的温度（T）可用空间和时间四维场表示：

$$T=f(x,\ y,\ z,\ t)$$

式中：x，y，z为三维空间坐标，km；t为时间，Ma；

在地温场中，z代表从地球表面到地心的深度；x，y代表以地心为圆心，z为半径的同心面；t代表地质历史时期。

在某一时期（时间），x、y构成的面为等温面，其温度值与深度z成正比，即越往深处，温度越高，在同一深度温度相等。这种理想的地温场称为稳态地温场。在实际中，稳态是相对的，不稳态才是绝对的。不稳态包含两种含义：①由于同一深度下，不同位置的物质（岩石）其成分的差异（不均一性）造成地温不等；②由于地质时期的变化，造成同一空间位置的质点的温度发生变化。

地温、地温梯度和大地热流是表征地下温度场特征的 3 项基本参数。

（一）地温和地温梯度

地温是指地下岩石的实测温度值。地下岩石中各点的温度值就是地温。在地温中存在一个特殊值——地表温度。地表温度，受控于气候条件及太阳热辐射的周期性变化。一年四季中地表温度变化很大，所以常用年平均气温代表地表温度。地温梯度则是地温随深度的变化率，它是表征地下温度状况的一个重要的地质-地球物理参数。地温梯度可按下式计算：

$$G = \frac{T - T_0}{H} \times 100$$

式中：G 为地温梯度,℃/100m；T 为井深 H 处的温度,℃；T_0为平均地面温度或恒温带温度,℃；H 为井下测温点的深度或测温点与恒温带深度之差，m。地温梯度是描述地温场的重要参数，它不仅可以反映地温随深度的变化规律，同时还能从不同侧面反映出地温的平面分布特征。

（二）大地热流

大地热流是指单位时间、通过单位面积，从地球内部向地表，以热的传导方式传递的热量。它是地球内部热能散失的主要形式，也是沉积盆地中最主要的、普遍存在的热源。

地温及地温梯度既与区域地温特征有关，又与岩石导热能力（热导率）有关，因此地温和地温梯度并不总是能提供或往往不能独自全面地提供区域基本热状况的确切信息；而大地热流则不受介质的影响，它能从本质上深刻地揭示区域地温场的固有特征。

假定从地下深处传来的热流垂直指向地面，并且认为热导率各向同性（稳态场），且为常数，根据傅立叶热传导定律：

$$Q = \kappa \frac{\mathrm{d}T}{\mathrm{d}Z}$$

式中：Q 是大地热流，$\mathrm{mW/m^2}$；κ 是岩石热导率，W/（m·℃）；$\mathrm{d}T/\mathrm{d}Z$ 是地温梯度,℃/km。

即大地热流量等于热导率与地温梯度的乘积。

对于岩性差异较大的层状岩层地区，地层温度随深度而增加的情况不一致，地温梯度不是定值。根据一维稳态热传导原理，穿过所有水平岩层的热流应相等，深度 H 处的温度可由下式表达：

$$T = T_0 + q\int_0^H \frac{\mathrm{d}H}{\kappa}$$

式中：T 为实测温度；T_0为外推地面温度；H 为对应于 T 的深度；κ 为该深度测定的热导率。

经过国内外专家多年的研究，认为大地热流值取决于所测点的大地构造背景（表 3-2），并且证明大地构造性质类似的盆地或相似的区域大地热流值比较接近。

表 3-2　地球表面不同地区的大地热流平均值

区域大地构造单元		测点数	热流值	
			HFU	mW/m²
大陆地区	前寒武地盾	214	0. 98±0. 24	41. 0±10. 0
	前寒武后期造山期	96	1. 49±0. 41	6. 24±17. 2
	新生代造山区	88	1. 43±0. 40	59. 9±16. 7
	中、新生代造山区	159	1. 76±0. 58	73. 7±24. 3
海洋地区	洋盆	638	1. 27±0. 53	53. 2±22. 2
	大洋中脊	1065	1. 90±1. 48	79. 5±62. 0
	海沟	78	1. 16±0. 70	48. 6±29. 3
	大陆边缘	642	1. 80±0. 93	75. 3±38. 9

（据张家诚，1996）

二、温度场的影响因素

实际资料表明，地温场是很不均一的，许多因素都直接或间接地影响到地温场的分布。分析和认识各种影响地温场的因素，从中找出规律，研究其与油气的关系并为油气勘探工作提供地温依据，是很有必要的。就目前的研究状况而言，影响地温场的主要因素包括大地构造性质、基底起伏、岩浆活动、岩性、盖层褶皱、断层、地下水活动及烃类聚集等。

（一）大地构造性质

影响地温场的因素甚多，其中起主导作用和具全局性影响的是大地构造的性质，即地壳的性质，如地壳的稳定程度及厚度等。

从全球来看，在板块构造的不同部位，反映了截然不同的地温特征。如大洋中脊的高地温，海沟部位的低地温，海盆部位的一般地温。在我国板块的不同部位，也可以明显地看到这种现象。例如在稳定的古老地台区（板块部位）具有较低的地温，而在中新生代裂谷区则具较高的地温。因此，大地构造性质及所处构造部位是决定区域地温场基本背景的重要控制因素。

（二）基底起伏

基底起伏形态对地温场的控制作用已为大量的实际测温资料所证实。隆起与坳陷中不同的地温状况主要由岩石物理性质侧向的不均一性引起。它实质上是将来自地球内部的均匀热流在地壳上部实行再分配的结果。由于基底的热导率往往高于盖层，故深部热流将向基底隆起处集中，使其具有高热流高地温特征，而坳陷则具有低地温特征。

（三）岩浆活动

关于岩浆活动对现今地温场的影响，主要应从两方面考虑。一为岩浆侵入或喷出的地质年代。时代越新，所保留的余热就越多，在高温岩浆余热的影响下，对现今地温场的影响就越强烈，并且有可能形成地热高异常区。另外则是岩浆侵入体的规模、几何形状及围岩的产状和热物理性质等。从岩浆侵入体的大小而言，冷却的速率与其半径（或半厚度）

的平方成反比；相反，冷却的延续时间与岩体的半径平方成正比。研究表明，火山岩特别是薄层火山岩，对地温的影响并不大；而侵入岩对地温的影响则比较明显。岩浆活动导致的二次生烃作用强度较大地区多与油气主要聚集带相符。

（四）岩性

岩性对地温场的分布有很大的影响。大量的井下测温资料表明，当井孔穿过较均一的岩层时，井孔的深度-温度曲线是一条较平滑的直线，即地温梯度为常值；当井孔穿过热物理性质差异较大的岩层剖面时，井的深度-温度曲线则成折线，地温梯度发生明显变化，其转折处往往与不同岩性段的分界面相对应。

一般来说，同一井中高热阻率，导热性差的岩石具有较大的地温梯度，低热阻率，导热性良好的岩层具有较小的地温梯度。根据大地热流的概念，在没有外来热源的情况下，同一井中各层段的地温梯度与热导率的乘积为一常数，即该井各层段的热流值相等，所以各层段的地温梯度和热导率具有互为消长的关系。

由此可见，岩性差异导致了纵向上不同组段地温梯度的明显变化。另外，也可看出随地层埋藏深度和年龄增加地温梯度有下降的总趋势。这是由于岩石密度往往随埋深和年龄增加而加大，因而岩石的热导率也相应加大。它反映了盆地中（特别是中新生代疏松砂泥岩差层中）地温梯度纵向变化的一般规律。对于古生代坚硬致密的沉积岩或岩浆岩、变质岩来说，由于其热导率高于新生代疏松岩石，因而地温梯度较低。

（五）断层

研究断层与地温场的关系时应考虑在主断层线上是否出现地温异常，断层带是否出现地温异常，沿着断层走向，热流是否有变异。如果由断层摩擦而产生的热量未能及时传递出去，那么地温将升高，这可能使两盘的岩石发生熔化，并因温度的上升而使孔隙水压力亦相应增高。值得注意的是，断层对地温场产生影响时，不仅可以使地温升高，也可以使地温降低。据研究，大断裂和一般断层所起的作用是有所不同的。

以郯庐断裂为例，从中、新生代以来产生过多次岩浆侵入与喷发，标志着一个高地温带。这可能是由于来自深部的附加热源的作用，即断裂带之中除了由地壳产生的均匀热流外，还有一股来自地幔的热流。

一般的开启性断层是地下水循环的通道，可以将靠近地表温度较低的地下水引至深部，从而使地温降低；也可因深部地下水沿断层上升而使地温增高。一般的封闭性断层或压扭性断层不会成为地下水水循环的通道，而往往因为压扭和摩擦产生热量，形成附加热源，使地温增高。

（六）地下水活动

地下水在地壳浅部分布广泛，易于流动，且比热容较大，对地温场有重要影响。由于地质和水文地质条件的差异，地下水与围岩温度场的相互关系复杂多变。

地下水活动可引起围岩温度降低。这是地下水侧向活动强烈，地下水的补给、径流条件良好的地区的特征。一些小型盆地及某些大型盆地的边缘部位，从补给区进入的温度较低的地下水，在流动过程中，不断把围岩的热量带走，从而降低了地温。

深循环地下水上升也可能引起局部地温正异常。比热容较大的地下水是良好的载热体，它可以把深部地下热能输送至地表。沉积盆地中，在覆盖层遮掩之下，相对高温的排泄区也有热水的上升活动，形成一定范围的高温异常。异常区有时可能与盖层下的基底隆起区一致，因为基底隆起部位易形成“天窗”，基岩中的高温水容易在此处排泄。

（七）烃类聚集

长期以来，人们发现在烃类聚集（油气田）上方往往存在地温高异常。这种地温异常虽很微弱，一般为0.2~4.5℃，但却相当普遍地分布在油气田上方的浅部和地面。油气田上方地温异常的成因与地理条件、地形高差、季节性气候变化等均无明显关系，主要是由于油气藏本身提供了附加热源。油气藏的附加热源主要来自烃类需氧和乏氧氧化的放热反应和放射性元素的集中等。另外，由于地球化学和水文地质因素的作用而导致烃类流体的扩散和对流，流体在向上渗逸时便将油气藏中的过剩热量带至浅部和地表，实际上使油气藏上方增加了一个微小的附加热流值。

三、中国现今温度场特征

前文已述，地温场与所处的大地背景及构造演化密切相关。中国沉积盆地的地质背景不仅相差很大，而且后期的构造演化历史也有显著差异，因而在地温场特征上有着明显的不同。总的来说，表现为以下3个方面：

1）中国的东部和南部地温较高，而西部特别是西北部地温较低。地球物理探测和研究表明，在中国境内地壳厚度的变化由东向西是：东部较薄，在30 ~35km之间，向西增厚可达50km以上，最厚在青藏高原的西南部，超过70km。受地壳厚度变化的影响，地温分布表现为东高西低（图3-1）。

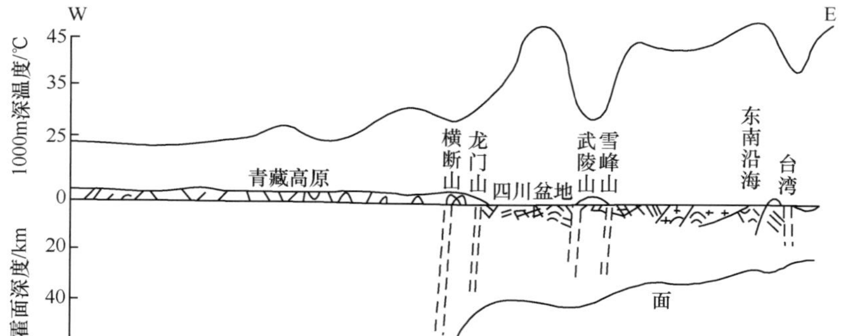

图3-1　中国东西向地壳厚度变化与地温关系

（据王钧等，1990）

2）中国西南的盆地有明显高热流，其次是东部沿海盆地，中部和西部多属低热流盆地。

3）中国地温梯度的平均值在25~30℃/km之间，低于世界平均值的地温梯度30℃/km，地温梯度的分布与地温一致。

第三节　压力概念与分类

一、压力基本概念

地层压力是指作用于岩石孔隙中流体上的压力，也称孔隙流体压力。正确理解压力的相关术语，是研究沉积盆地异常压力体系、做好异常压力预测的基础。

由垂直的液柱重量所产生的压力称为静水压力或流体静压力。静水压力的大小与液体的密度、液柱的高度有关，而与液柱的形状和大小无关。静水压力又称正常地层压力，是流体密度与液柱垂直高度的乘积。即：

$$P_H = 0.098\rho h \approx 0.1\rho h$$

式中：P_H为静水压力，kg/cm^2；ρ 为液体密度，g/cm^3；h 为液柱高度，m。

静岩压力是由上覆沉积物的基质和孔隙流体的总重量所产生，因此静岩压力可以分解为有效压应力和孔隙流体压力两部分，它随上覆沉积物或岩层厚度的增加而增大。用公式可以可表示为：

$$P_S = H[(1 - \Phi_m)\rho_{ma} + \Phi_m\rho_f]$$

式中：P_S为上覆岩层压力，kg/cm^2；H 为上覆岩层的垂直高度，m；Φ_m 为上覆岩层平均孔隙度；ρ_{ma}为上覆岩层骨架的平均密度，g/cm^3；ρ_f为上覆岩层孔隙中流体的平均密度，g/cm^3。

静岩压力也可以用公式表示为：$P_S = \sigma + P_f$，式中 σ 为有效应力，即岩石骨架颗粒所承担的应力，单位为 Pa 或 MPa；图 3-2 说明了静水压力、地层压力和静岩压力三者之间的关系。

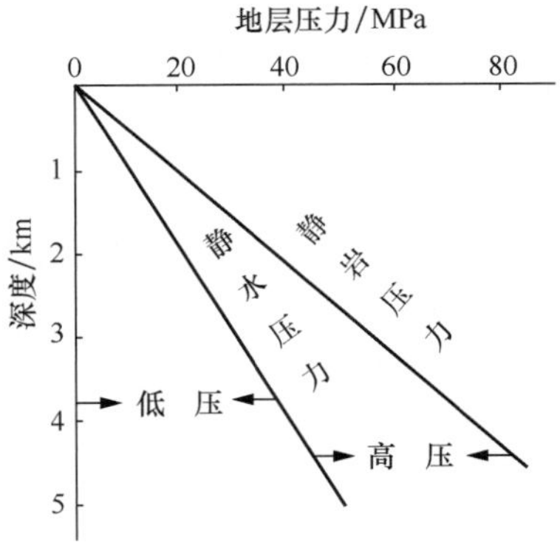

图 3-2　各种压力关系示意图

（据李明诚，2013）

二、地层压力划分

异常地层压力指地下某一特定深度范围内，由于地质因素引起的偏离正常地层静水压力趋势线的地层流体压力。为了有效地描述沉积盆地的地下压力状态，需要对地层压力偏离静水压力状态的幅度进行划分，即压力分类。国内外学者普遍采用压力系数和压力梯度进行划分。由于压力梯度随地层水矿化度和密度发生一定程度的变化，因此，根据压力系数进行分类更具有普遍性。

压力系数（C_p）是地下某点的实测地层压力与同深度静水压的比值。迄今，各国学者依此提出了多种压力分类方案，国内常用的异常压力分类如表 3-3 所示。

表 3-3　异常压力的分类

压力系数	<0.75	0.75~0.9	0.9~1.1	1.1~1.4	>1.4
分类	超低压	低压	常压	高压	超高压

（据李明诚，2013）

三、异常压力分布特征

据不完全统计，世界范围内已发现 180 多个沉积盆地具有超压体系，约占世界沉积盆地的 2/3（Law et al.，1998）。世界上 210 个大中型气田中的统计资料显示，具有低压异常的盆地占 15.7%（表 3-4）。随着勘探程度的不断加深，在国内的鄂尔多斯盆地、柴达木盆地、三塘湖盆地、吐哈盆地、百色盆地和二连盆地中也相继发现了异常低压现象。因此，异常地层压力在世界范围内是普遍存在的，并且在一定程度上与油气聚集有着直接或间接的成因关系。

表 3-4　世界主要异常压力盆地统计表

类型	地区	盆地
低压盆地		加拿大北部盆地，艾伯塔中部盆地，加拿大盖洛普砂岩盆地，圣胡安盆地，美国凯斯穹隆，阿巴克罗隆起，美国密西西比盆地，米德兰盆地，美国夸厄布拉勒白垩纪盆地，丹佛盆地，美国二叠纪盆地
超压盆地	北美和南美	马更些三角洲（加拿大），马哈坎三角洲（印度尼西亚），密西西比三角洲（美国），尼日尔三角洲（非洲），波盆地（意大利） 阿纳达科盆地（美国），哥伦布盆地（特立尼达），库克湾盆地（美国），帕里亚的戈尔夫（委内瑞拉），让娜达尔克盆地（加拿大），下马格达莱纳盆地（哥伦比亚），密西西比盆地（美国），北阿德莫尔盆地（美国），阿拉斯加北斜坡（美国），太平洋西北部盆地（美国），保德河盆地（美国），斯科舍盆地（加拿大），萨克拉门托南部盆地（美国），圣华金南部盆地（美国）
	非洲	加蓬（非洲），西奈海域（埃及），苏尔特（利比亚）
	欧洲	下萨克森海槽（德国），磨拉石建造型盆地（德国和奥地利），北海盆地，潘诺尼西盆地（匈牙利），波利斯海槽，前里海（原苏联），南阿基坦盆地（法国），达克吉克盆地（阿富汗），特兰西瓦尼亚盆地（罗马尼亚），维也纳盆地（奥地利），西西伯利亚盆地（原苏联），蔡希斯坦盆地（德国和波兰）
	中东和亚太地区	孟加拉湾（孟加拉），缅甸盆地（缅甸），坎贝盆地（印度），丹皮尔次盆地（澳大利亚），渤海湾（中国），新竹盆地（中国台湾），美索不达米亚盆地（伊拉克），尼泊尔，北伊里安查亚（印度尼西亚），北陆盆地（新西兰），北苏门答腊（印尼），西北陆架（澳大利亚），博得瓦尔盆地（巴基斯坦），南中国海，南巴布沿岸（新几内亚）

（据 Hunt，1990）

第四节　异常压力形成机制

异常压力是沉积盆地演化过程中孔隙流体供排不均引起的非平衡状态。异常压力是沉积盆地中的动态演化现象，可能是多种地质因素综合作用的结果，其中包括地质、物理、地球化学和动力学因素。深入研究异常压力的形成机制，有助于揭示盆地流体流动和油气生成、运移和聚集的规律，不仅可以为非常规油气勘探和开发提供依据；对于做好钻井、地质设计，在施工过程中保障钻井安全和提高钻探效率等方面也具有重要意义。

一、异常高压成因

异常高压的形成机制主要包括：不均衡压实、有机质生烃、水热增压、成岩作用、构造挤压、流体流动等。

（一）不均衡压实

在沉积物埋藏过程中，沉积物加载引起的负荷应力增大通常可以使地层压实，孔隙体积降低并排出孔隙流体。当流体排除与孔隙减小处于平衡时，地层保持静水压力状态。所谓不均衡压实是指沉积物（特别是细粒）在快速沉积埋藏过程中，由于孔隙水未能及时排出或者排出速率小于岩石的压实速率，于是部分流体将滞留于孔隙中，即压实作用受到抑制或减弱，导致地层中的流体承担一部分负荷压力，岩石颗粒的有效应力减小，流体压力高于静水压力形成异常高压。因此，不均衡压实产生的必要条件有两个：①快速的沉降/沉积速率；解习农等（2006）利用简化的地质模型模拟了异常压力幅度与沉积速率之间的关系，结果表明：当泥岩沉积速率<100m/Ma 时，地层几乎无异常压力，但当沉积速率逐渐增大时，超压幅度越来越大。②具有一定厚度的低渗透率的细粒沉积层。

不均衡压实引起的异常高压主要发育于沉降/沉积速率较高、充填岩性较细的新生代沉积盆地中。例如美国的墨西哥湾沿岸（Dickinson，1953）和我国的莺歌海盆地（Hao et al.，1995）。一般而言，不均衡压实产生的异常高压带具有较高的孔隙度和较低的密度，并在测录曲线上显示出相应特征（图 3-3）。

在正常压实情况下，碎屑岩的孔隙度与深度是呈指数递减的。因此，通常可基于声波时差、密度与孔隙度的关系，分析地层的压力状态。在半对数坐标纸上，正常压实地层中的声波时差与深度呈线性关系，而声波时差偏离正常演化趋势线的区带即被解释为欠压实带和异常高压带。与上部处于正常压实的静水压力段相比，欠压实的泥岩段孔隙度明显增加，密度减小（图 3-4）。

（二）有机质生烃

根据油气有机成因理论，烃源岩中的有机质在地质演化过程中，受温度、时间、压力等多种因素的综合作用，发生复杂的化学反应，最终形成石油和天然气。有机质热演化过程实际上是一个总体积增加的过程，一般经历热降解和油气热裂解两个阶段，特别是大量气体产生阶段所造成的压力急剧增加得到普遍认可。除了因密度差异和温度升高引起的流

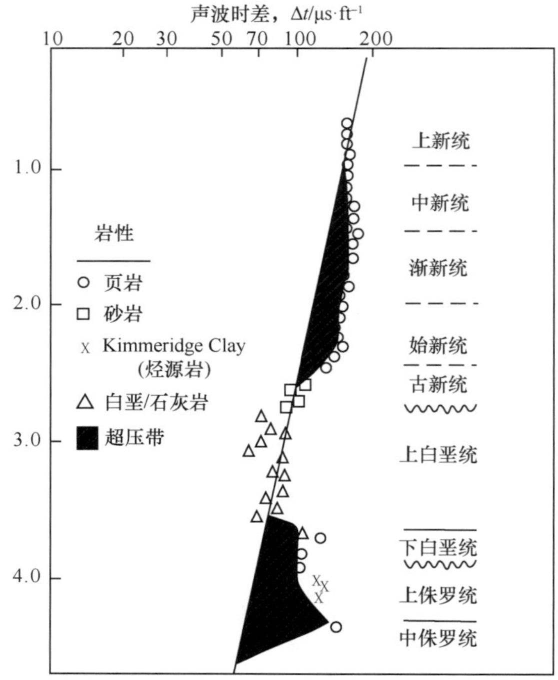

图 3-3　声波时差随深度的变化及超压带的解释

（据 Swarbrick et al.，1997）

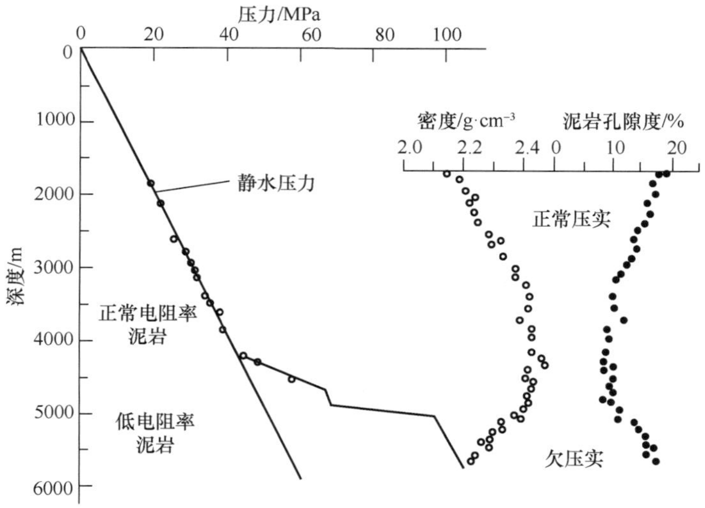

图 3-4　两段式线性压实状态下欠压实引起的超压

（据李明诚，2013）

体体积膨胀增压外，生烃作用使地层由单相流动的水变成水和烃类一起的多相流动，引起流体渗透率的降低，也能导致异常高压。

（三）水热增压

随着埋藏深度的增加，地层温度亦不断增加，孔隙水和岩石将产生膨胀，且前者的膨胀率大于后者。如果孔隙水无法逸出，孔隙压力将升高，此过程被称为水热增压。如果水体处于一个较好的封闭条件下，则体积膨胀很小，而压力上升很大。

（四）成岩作用

在沉积物受到机械压实的同时，还发生着一系列化学成岩作用，包括新矿物的形成和一些矿物的沉淀。在以往的研究中，学者们主要注意了成岩反应中一些矿物转化期间的脱水作用（如蒙脱石脱水、石膏向硬石膏转变）对异常高压的贡献。其中最常见的是蒙脱石向伊利石转化过程中的脱水作用。随着埋深的增加，地层中黏土矿物经历由蒙脱石向伊利石的转化，对孔隙流体压力的影响表现为：由于层间水比普通水分子具有更加紧密的结构，当层间水排出变成孔隙水时，将产生一定程度的体积膨胀。

从脱水引起的体积膨胀角度，成岩作用对异常高压的贡献可能是有限的，但其综合效应可能引起较大的异常高压。例如在黏土矿物转化的过程中，岩石格架的破坏不仅可以产生剩余流体，同时也使得孔隙体积减小、结构复杂化，在一定程度上降低了渗透率，从而抑制流体的排放。同时，胶结物的沉淀也可以降低岩石孔隙度和渗透率，导致流体排出的迟滞现象，形成异常高压。

（五）构造挤压

在沉积盆地中，垂直应力通常是主应力之一，其大小等于静岩压力，即上覆岩层的总负荷，其他两个主应力轴的方向是水平的。若不考虑构造应力的作用，对于平面上限延伸的地质体，水平应力可由下式获得：

$$\sigma_{H} = \sigma_{h} = \nu\sigma_{v}$$

式中：ν 为应力比系数；σ_{H} 和 σ_{h} 分别为最大和最小水平应力；σ_{v} 为垂直主应力。

挤压型的沉积盆地内主应力基本作用在水平方向上，盆地中的应力场可以被看作是重力场所引起的地下应力场与构造应力场的叠加。则有：

$$\begin{cases} \sigma_{v} = \rho g z \\ \sigma_{H} = \nu\sigma_{v} + \sigma_{T} \\ \sigma_{h} = \nu\sigma_{v} \end{cases}$$

式中：ρ 为上覆岩层的平均密度；g 为重力加速度；σ_{T} 为构造挤压应力；z 为地层埋藏深度。

在构造挤压环境下，水平方向的应力挤压效应可视为对沉积物的侧向压实作用，可有效地增加地层压力，但取决于地层的渗流力学特征、岩石物理性质及地层经受构造应力的时间和方式。通常在构造挤压强烈的地区，应力对于异常高压的产生具有突出贡献。但是，如果期间有大量流体排出，那么压力也同样会迅速地降低。因此，构造增压的前提是压力系统本身要具有较好的封闭条件。

（六）流体流动

异常高压可以在三维空间通过流体的流动进行传递。盆地深部的异常高压流体可以通过输导层进行侧向传递，使构造高点的地层发育较强的异常高压，亦可以沿断裂进行垂向输导使浅部地层（隔水层）出现高压。这种作用的发生一般需要较强的构造运动或诱发机制，使得封闭条件较好的异常高压系统发生流体泄露，并存在有效的输导体系（如断层）进行传递。因此，在我国西部和南部海域的很多盆地中，浅部很多孔渗性较好储层中发育的异常高压都是深部异常高压流体充注引起的。

二、异常低压成因

异常低压的形成机制主要包括：抬升-剥蚀反弹、温度降低、不稳定组分的水化作用、地下水流动、渗透作用、轻烃扩散、承压水面下移等。

（一）抬升-剥蚀反弹成因

该作用主要发生在构造抬升的地区。当上覆地层遭受剥蚀、垂向应力减小时，岩石骨架会发生类似弹性固体的回弹效应，引起岩石孔隙体积的扩容，从而导致流体压力降低（图3-5）。一般认为，泥质岩的压实是不可逆的，但研究表明埋深<2000m且富含蒙脱石的泥岩也可能发生一定的孔隙扩容。因此，当上覆岩层被剥蚀时，与泥页岩相邻（互层或侧向过渡）的砂岩储层中的部分水（不是油或气）将在由低压产生的横向压力梯度驱动和毛细管力作用下向泥页岩渗透，进一步降低相邻砂岩的流体压力。

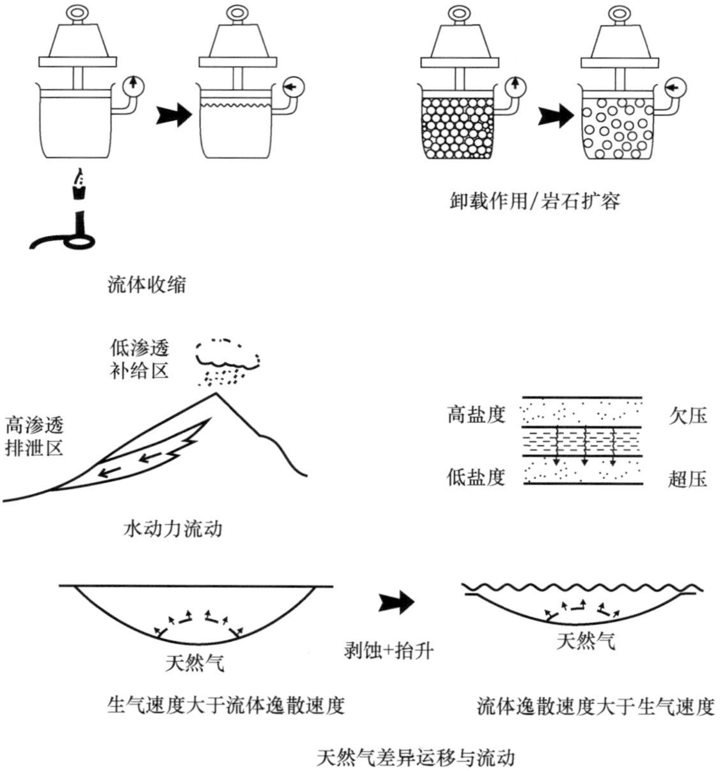

图3-5 异常低压形成机理示意图

（据Swarbrick et al.，1998）

负压的程度不但取决于孔隙的扩容量，还与卸载的速率和岩层的渗透率有关。显然，卸载速率越快、渗透率越低，负压越易形成和保持。Dobrynin等（1989）通过研究给出了地层抬升幅度与异常低压产生的理论关系（图3-6）。

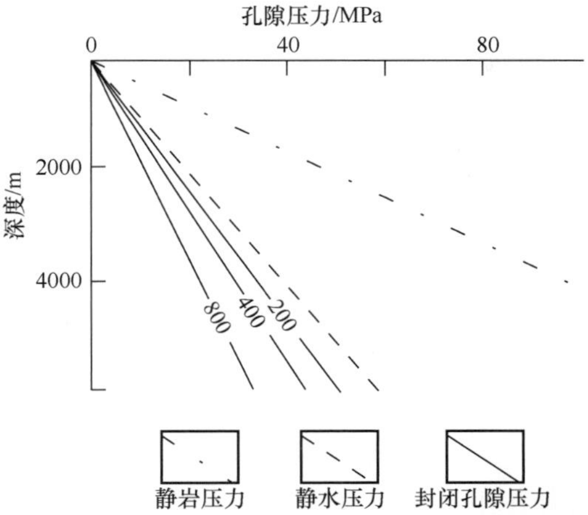

图 3-6　块体的升降幅度决定水压封闭岩层的孔隙异常压力理论图
（地温梯度为 4℃/100m，据 Dobrynin et al.，1989）

（二）温度降低

当完全封闭器皿中水冷却后，流体的密度增高，相应地体积变小（图 3-5）。如果岩石是完全封闭的话，由于温度降低导致水体积的减少可以导致低压，但水体积极小（<2%），常常可以忽略不计。因此，在具有良好封闭性的地层中，地温的降低可引起孔隙流体体积的收缩从而产生异常低压。我国中西部含油气盆地中，后期大规模抬升剥蚀造成的温度降低对油气藏低压的形成具有决定性影响。

（三）不稳定组分的水化作用

岩石学研究证明，酸性火山岩岩屑普遍有不同程度的水化作用特征，形成以蒙脱石、伊利石为主的黏土矿物组合。长石和岩屑的浊沸石化也十分明显。水化作用使得部分孔隙水转化为结晶水，减小孔隙流体的体积。这种孔隙水的消耗量大于矿物转变引起体积增大的数量，导致孔隙流体压力下降。

扶扬油层的砂岩是典型的不稳定砂岩，不稳定组分（长石、火山岩岩屑）的含量高达 65%~90%，不稳定组分与孔隙水之间容易发生水化作用，消耗孔隙水，形成含结晶水的黏土矿物和沸石类矿物。

（四）地下水流动

主要发生在重力流系统中，由于泄水区是高渗透率岩层而补给区的岩层为低渗透率，结果泄水的速率大于补给的速率，使得岩层中水的流动不连续，造成孔隙的欠饱和而产生异常低压。Michael 等（2001）研究艾伯塔盆地中西部流体及流体压力的分布特征表明，该地区低渗透性隔层严重影响了地层间的流体流动。

（五）渗透作用

在有明显盐度差（或盐度梯度）的透镜体砂岩中，由于渗透性砂层发育且连通性好，深部地层水的盐度较高，而浅部盐度明显降低，有利于渗透作用的进行，常由高压异常逐渐过渡到低压异常。如果一个封隔区中水的含盐度较高，毛细管力作用将使得高盐度封存体中的水穿过半渗透膜流入到低盐度区，那么在高盐度封存体由于水的渗漏而形成低压，而低盐度封存体由于水的增加而形成超压（图3-11）。前人计算表明：页岩与砂岩盐度相差50000×10^{-6}时，可产生4.25MPa的渗透压差；如果两者相差150000×10^{-6}时，可产生22.7MPa的渗透压差。笔者认为这种由于浓度差异所造成的渗透作用只是水中盐类物质离子之间的交换，而不会发生水的流动，最终达到盐度上的平衡，因此，不会产生低压。

（六）轻烃扩散

轻烃分子的扩散作用是一种普遍存在的由于浓度梯度而发生的质量传递的自然现象。在地壳抬升过程中，由于负荷和温度的降低，原来溶于储层流体中的气体将析出，并以扩散、渗流等方式从岩层中逸散。另外，油气藏中的轻烃通常通过盖层发生扩散，引起油气的组成、物化性质等发生与油气运移分异相反的变化。当烃类的逸散速率大于补给速率时，地层中易于形成异常低压。Law等（1985）认为，这种机制是北美地区一些抬升盆地产生负压的一种原因。这种作用通常与构造运动有关，是油气藏遭受破坏的结果。

（七）承压水面下移

通常人们用地层压力与静水压力的比值，即压力系数来标定地层压力的异常情况，而静水压力计算都是基于水柱到达地表这一假设：某一目的层地下水承压面从地表算起，应该说，这种假设在大多数地表起伏不太强烈的地区或盆地，特别是我国东部地形平坦区，可以近似使用。而当受构造运动等影响，承压面与地表起伏不相协调时，如我国中西部盆地，由于承压面以上的地层不承压，会导致计算的静水压力大于实际的静水压力，自然导致计算出的压力系数、压力梯度等指标偏低，显示出明显的负压异常。

此外，在一些特殊的地区也会产生区域性低压，例如在东西伯利亚地区由于地表存在永久冻土层导致该地区异常低压非常发育，其主要原因是：①永冻层地层水静水压面的降低；②由于温度的降低而导致岩石及孔隙流体体积的缩小。

另外，还有许多异常低压是因为从储层中开采油气和水而人为诱发的，开采降低了孤立储层中的孔隙压力，而这样的储层又没有足够的流体流入以补偿被抽出的流体空间。在许多情况下，地层压力的减少导致地面沉降，有时会对地表构造产生巨大的破坏作用。由于流体被采出而导致的地面沉降的例子发生在意大利的Po Delta、委内瑞拉马拉开波湖的玻利瓦尔滨岸、田纳西的加尔维斯顿海湾、加利福尼亚长垣、日本等地区。

综上所述，异常压力在世界各油气田发育较为普遍，其成因是多样的，可能是物理的、化学的或者两者的综合作用。实际上，异常压力形成的本质是孔隙流体的供排不平衡。

第四章　流体驱动因素与运聚机制

盆地流体是指存在于盆地沉积物孔隙空间并通过其进行流动的任何流体，它广泛参与沉积盆地演化的全过程。对流体运聚的动力、通道及机制等方面的学习，将有助于认识整个盆地内的流体活动及其与非常规油气富集的关系。本章主要介绍流体驱动因素与流动样式、流体输导体系、流体聚集机制与过程等知识点。

第一节　流体驱动因素与流动样式

一、流体的驱动因素

盆地流体本身具有一定的流动能力，但是要在地层条件下进行运移，直至最后成藏或成矿作用的发生，还需要外界提供一些驱动因素。一般而言，沉积盆地中的流体流动可由多种作用导致，归纳起来主要有两种类型：一种是压力型驱动，依靠所形成的压力流驱动流体流动；一种是热力型驱动，依靠所形成的热对流驱动流体流动。

（一）压力型驱动

盆地流体流动的基本原则是降低其能量，因此，流体总是从高势区向低势区流动。压力型驱动是指盆地流体在压力驱动下，沿压力梯度的降低方向迁移流动。最重要的驱动力包括：沉积压实、浮力、重力和构造应力（图 4-1）。

沉积压实：随着沉积物不断埋深，在上覆沉积物的重荷压力下发生压实作用，沉积物孔隙空间减少，孔隙中的流体被排出，进而导致盆地内流体的流动。同时，在细粒沉积物中，如果沉积物快速沉降使得孔隙空间中的水不能有效排出，则形成异常高压带，当封闭层出现断裂或裂隙时才能导致流体的快速幕式排出。

浮力：沉积盆地中浮力主要由受温度和盐度控制的流体密度梯度产生，而温度和盐度常常随深度而增加。England 等（1987）认为非对流性浮力驱动流动是埋深 3km 以内的烃类的二次运移的重要机制。

重力：在构造稳定和无压实的成熟盆地，重力驱动的流体循环样式控制了区域地下水流系统（Tóth，1962）。大气降水从盆地边缘渗入区向盆地内部推进，主要沿区域性的高渗透层进行。这种流体流动主要受盆地及其周缘地形的控制，从而构成区域和局部流体循环系统。

构造应力：构造挤压应力对盆地流体流动的影响主要表现在两方面，一方面是通过骨架岩石的变形改变水文地质单元和流体输导网络的分布以及各输导体的输导能力；另一方面会通过改变地层压力系统，比如超压系统的产生和泄漏，进而控制流体的释放和转移。

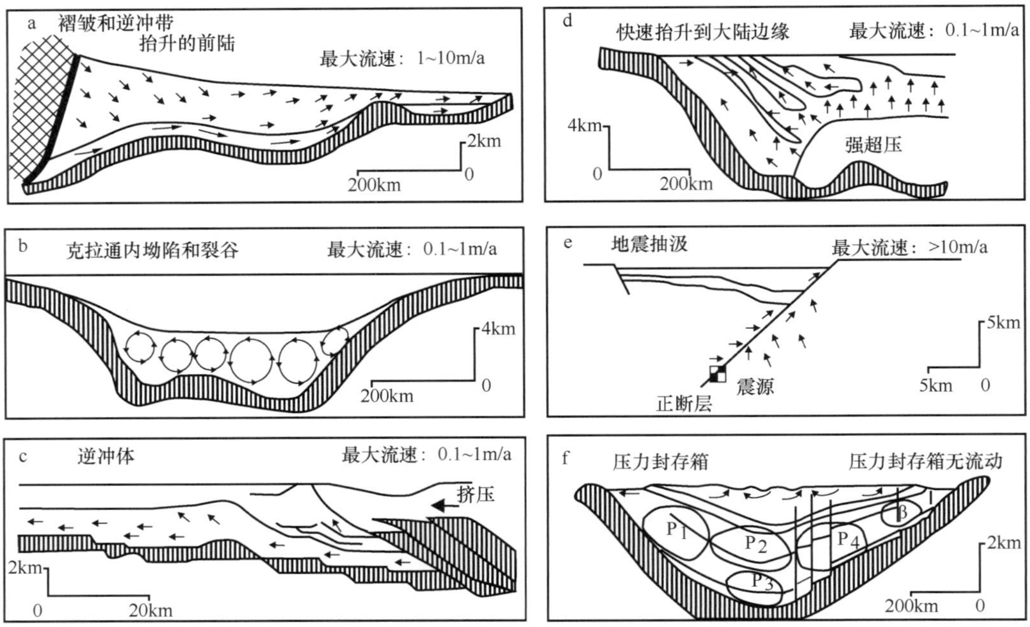

图 4-1 盆地构造体制及其流体流动样式

（据 Garven，1995）

（二）热力型驱动

热力型驱动是指由于温差所产生的热力而导致流体的流动。由于流体所处环境的温度和含盐度不同，在三维空间上产生温度梯度而引起流体的瑞利和非瑞利对流驱动；一般表现为深部高温热水、密度较小的流体向上运动，浅部低温冷水、密度较大的流体向下运动。这种热力驱动的热对流一直被认为是穿过地下岩层溶质运移的机理之一。

当流体流动方向与等温线相交时，侧向流体运动将导致热重新分布。热流体活动导致岩石成熟度异常和物质的迁移，根据这些热异常和成岩反应，反过来追踪热流体活动的流径和判断热流体的活动范围。

二、流体的流动样式

Coustau（1977）根据盆地的水动力特征，将盆地流体活动划分为“青年”“中年”和“老年”3 个阶段，分别对应于压实驱动流、重力驱动流和滞流（无水流）3 种水流循环样式（图 4-2）。

在盆地的“青年”阶段，随着沉积物不断沉积，上覆沉积物厚度增大，地下水流主要表现为沉积层的主体处于压实和欠压实状态，岩石孔隙中排出的流体由盆地中心向四周呈“离心状”运动。正如 Magara（1978）提出的盆地流体主要通过更好地渗透层从盆地中心向边缘或从深部向浅层流动。在盆地的“中年”阶段，大气淡水在重力的作用下由盆地边缘的露头处渗入运载层，并在盆地中心穿层排泄，区域地下水流向表现为“向心流”的特征。在盆地的“老年”阶段，盆地内流体处于滞流状态，基本无水流动。

然而，大量研究成果表明，盆地流体循环样式绝不是这样简单的样式，它受盆地动力学背景、盆地构造、沉积充填、热史及水文体制的控制，在盆地的不同演化阶段具有不同

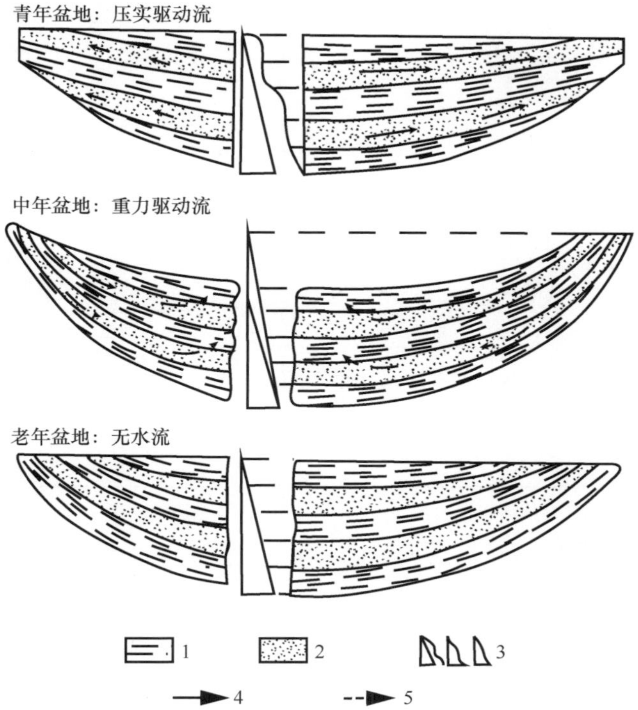

图 4-2　沉积盆地水动力演化阶段
（据 Coustau，1977）
1—黏土；2—砂岩；3—垂直孔隙压力剖面；4—压实驱动流；5—重力驱动流

的盆地流体循环样式。在沉积盆地演化过程中，最常见的流体循环样式有压实和超压驱动、构造应力驱动以及重力和地形驱动。

（一）压实和超压驱动样式

压实驱动流是指在上覆沉积物的作用下，由压实作用挤出的流体。一般而言，盆地压实流是从盆地中心向盆地边缘或从深部向浅部的流动。正在沉降的盆地中，压实驱动的盆地流体流动系统大致可划分为 3 个亚系统：浅部亚系统流体以垂向穿层流动为主；中部亚系统流体在高渗层中以侧向流动为主，而在细粒岩石中流体被向上或向下挤出，一般没有穿过细粒岩石的穿层流体流动；深部亚系统流体流动受到很大程度的局限，流体流动十分缓慢，以连续式或幕式流动，特别是在超压系统内只有当封闭层出现断裂或裂隙时才能导致流体的快速幕式排出。在盐底辟背景条件下，伴随盐底辟流体活动不仅导致地层压力再分配，同时也导致地层水化学成分的变化。

（二）构造应力驱动样式

板块构造作用控制沉积盆地演化，同时也影响盆地内流体运动和演化。构造应力驱动的盆地流体流动常见于板块俯冲带或附近，如前陆盆地。这些盆地受到垂向和侧向挤压应力的影响。首先，侧向应力的增加可加速前陆盆地沉降（Allen，1990），影响沉积速率，进而有利于超压体系的形成。连续侧向构造挤压同时也能直接影响流体压力的大小和分布。此外，俯冲板块垂向负载的增加使逆冲推覆体之下盆地流体压力增加，导致盆地流体向远离俯冲带的方向流动（图 4-3）。在逆冲推覆体之下盆地流体沿断裂或输导层的幕式活动可能与俯冲板块幕式活动有关。

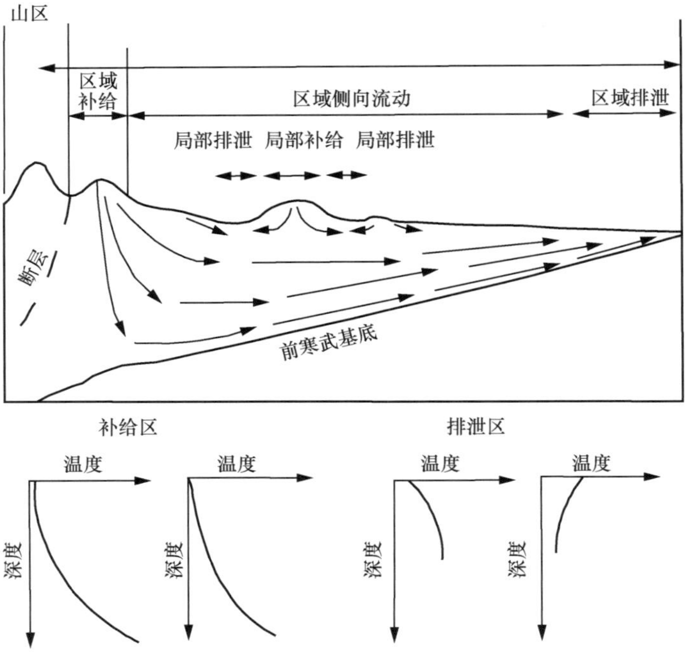

图 4-3 加拿大艾伯塔盆地流体活动样式

（据 Majorowicz 等，1986）

（三）重力和地形驱动样式

在构造稳定和无压实的成熟盆地，无水的下渗透重力驱动的流体循环样式控制了区域地下水流系统。这种样式主要受控于盆地及其周缘地形的变化，从而构成区域或局部流体循环系统。重力和地形驱动流是由地形高差引起的流体在重力作用下从高势区向低势区的流动，也就是从补给区向排泄区流动。在伴随区域流体流动过程中，流体压力、温度、矿化度的分布也发生明显的变化。比如从补给区到排泄区沿流线流体压力、温度和矿化度均明显增大，在排泄区会出现明显的温度和热流正异常。

第二节 流体输导体系

一、流体输导通道类型

输导体系的分类主要是按油气输导通道的内部结构和空间特征进行分类，其中连通的骨架砂体、不整合面和断裂系统是油气在地下运移的简单输导系统。通道主要是具孔渗性的岩层、裂隙、断层以及地层间的不整合面。

（一）具孔渗性的岩层

一般说来，自然界中的岩层都具有一定的孔渗物性，只有大小不同的区别，影响流体在岩层中运移的因素主要是连通孔喉的多少和孔喉直径的大小。连通孔喉是指地层流体可在其中流动的孔隙空间，它取决于岩层有效孔隙度的大小。通常砂质岩层中有效孔隙度占绝对孔隙度的比例较高，泥质岩层和煤层较低。在那些不连通的孔喉中，烃类只能发生分子扩散。而连通孔喉的渗透性则主要取决于孔喉直径的大小，岩层的孔喉直径越大，渗透性越强，油气运移的通道越好。

流体通过岩层连通孔隙的能力一般用渗透率来衡量。渗透率的大小又取决于岩层的孔系结构，即孔隙与喉道在数量、大小与分布的配置关系，其中连通孔隙与孔隙之间的喉道是关键因素。岩石的沉积作用（矿物成分、颗粒大小、分选程度等）和成岩作用（压实、胶结、溶蚀等）又是决定孔隙结构的主要因素。在如上诸多因素的影响下，必然造成地下碎屑岩石的渗透率有很大的变化。

沉积盆地内粗碎屑砂体构成盆地充填中的骨架沉积体，它们以连通孔隙作为油气运移通道，是油气在地下进行二维侧向运移的最常见的输导系统，既是油气运移的主要通道之一，又是油气聚集的主要场所。骨架砂体如三角洲、扇三角洲砂体、滨岸砂体、浊积水道砂体等均具有良好的孔隙性能，是沉积盆地内发育的重要输导体。当烃类从生油岩进入骨架砂体后，就以两相或三相流体的形式沿骨架砂体—输导体由高势向低势区运移和聚集。

储集层（渗透层）构成输导体系必须满足以下条件：储集层具有一定厚度、平面上连通性好且分布广、孔渗性好、围岩封闭性好、古产状有利。沉积条件是决定输导体系发育规模和连通性的主要因素，连通储集层在油气运移期的产状也是影响输导体系有效性的重要因素，在砂泥岩互层的生油岩系中储集层输导体系是最重要的第一级次输导体系。

烃源岩的排烃过程非常漫长，在相当长的地质历史时期内是持续进行的，而断层和不整合是特定构造运动的产物。相比之下，与烃源岩长期直接接触的砂体对油气运移的影响更为普遍和重要。

烃源岩与连通砂体的配置关系分为垂向沉积相变接触型（图4-4a）、侧向沉积相变接触型（图4-4b）和交错复合接触型（图4-4c，d）。其中烃源岩内砂体与烃源岩的接触面积、砂泥互层的烃源岩层系中砂岩含量、砂体物性及砂体的连续性是控制排烃效率的主要因素。

（二）不整合面

不整合（unconformity）是指在地层序列中两套地层间在时代产状和古生物组合等方面的一种不协调的地层接触关系，它代表着一次区域性的地壳运动或沉积间断。不整合的存在表明地层有重要的间断和缺失。不整合面（unconformity）是指不整合的上、下两套地层间的接触界面，它是一个物理面，有产状和空间变化特征。不整合面不是单一的“面”，而是具有“层”或“带”的涵义，即具有空间结构的属性。

1. 不整合面的结构特征

不整合面完整的剖面结构在空间上具有三层结构特征（图4-5）：即不整合面位于上覆地层底部的岩石，主要是底砾岩和水进砂岩类，它是风化带粗碎屑的残积物及在发生水进时接近原地沉积的砂岩，厚度可达数十米；由于孔渗物性好，是流体运移的良好通道；

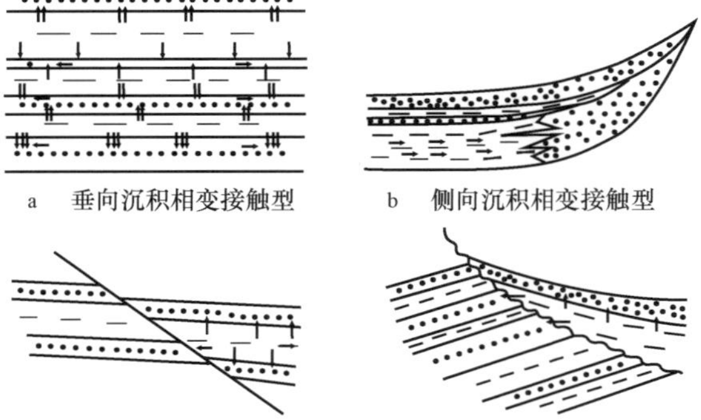

a　垂向沉积相变接触型　　b　侧向沉积相变接触型

c　交错复合接触型1　　d　交错复合接触型2

图 4-4　连通砂体与烃源岩接触类型

（据郭丽丽等，2011）

不整合面之上的风化黏土层又称古土壤层，它是在物理风化壳基础上又经生物化学风化作用改造形成的细粒残积物，一般厚度<10m，在上覆沉积的压实作用下，由于岩性较致密，是一套良好的封盖层；风化黏土层之下为半风化层，它主要是风化淋滤带和崩解带，发育次生溶孔、裂缝和溶洞，厚度可达数百米，其孔渗物性取决于该地层岩性和风化改造程度，一般是油气运移的良好通道和储集空间。三层结构之间的关系是：在底砾岩发育的地区，风化黏土层较薄，而半风化岩层较厚，例如在碳酸盐岩风化壳地区；在风化黏土层厚的地区，由于对其下伏岩石的保护作用导致半风化岩层的相对较薄，例如在砂岩的风化壳地区。

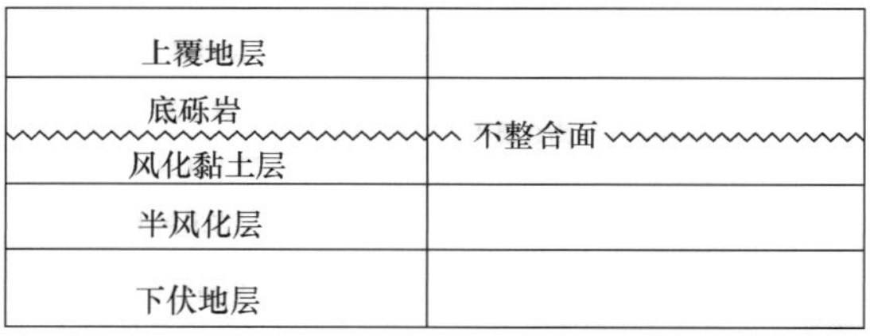

图 4-5　不整合面的剖面结构示意图

（据李明诚，2013）

2. 不整合面与油气运移

不整合面之上的底砾岩和水进砂岩具有较好的孔渗物性，是油气运移和聚集的良好通道和场所，如果区域性烃源岩在上覆层系，油气就可以沿底砾岩、砂岩运移，但其上必须被不渗透的岩层所覆盖，最终可以在上倾方向形成地层超覆油气藏；在不整合面风化黏土层之下的半风化层，也是油气良好的运移通道和聚集场所，如果烃源岩在下伏层系，油气就可以沿被黏土层所封盖的半风化岩层运移，最终可形成地层削截油气藏。当风化黏土层不发育或缺失时，下伏地层中的油气就可以直接进入不整合而之上的底部砂砾岩或上覆地层，并可在其中聚集成藏。

不整合的形成代表一次区域性的地壳运动或沉积间断，因此不整合面一般都具有区域性，在三维空间上分布广。因此，能在大面积上汇集烃类并在其中进行长距离的侧向运移，能把不同时代、不同岩性的生、储岩层连通起来形成油气田。此外不整合面在时空上具有相对的稳定性，后期的改造相对较弱，不像断层可以多次活动、延伸和生长。因此，不整合面本身对油气藏几乎没有破坏性，除非是当其形成时将古油气藏或其直接盖层剥蚀掉。世界上很多大油气田都与不整合面有关，例如我国的任丘油田、崖城气田、鄂中气田，阿尔及利亚的哈西迈萨乌德油田，美国的东得克萨斯油田等都是著名的例子（图 4-6）。

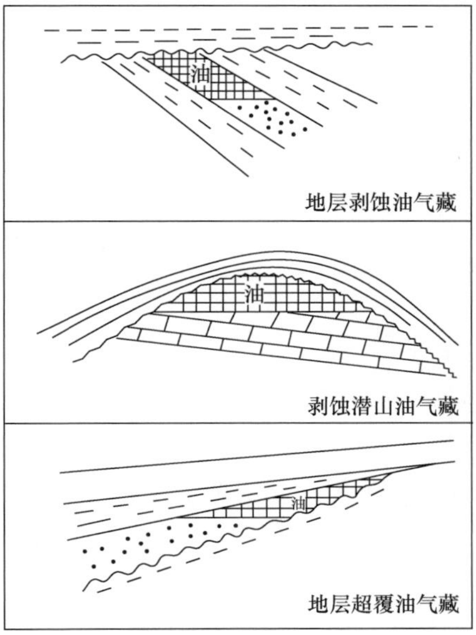

图 4-6 与不整合面有关的主要油气藏类型

（据李明诚，2013）

（三）裂隙（缝）

裂隙（缝）是指在岩层中没有造成位移的各种缝隙。它只破坏了岩层的完整性、而没有发生错断和位移，因此，这里不包括各种断裂。在岩层中裂隙的分布极为广泛，是一种到处可见的地质结构，也可将其视为一种特殊的孔隙。裂隙的分类有很多，从成因上可分为构造裂隙和成岩裂隙两大类。构造裂隙又可分为在正应力作用下产生的张裂隙和在剪切应力作用下产生的剪切裂隙（图 4-7）。它们多具有一定的方向和组系，一般不受层面的限制，延伸较远，可以切割不同岩性的地层，而且裂隙边缘比较平直，是穿层运移的重要通道。此外，当地层具有异常高压时可与地应力叠加起来使岩层发生水力破裂，此时视异常压力和应力值的大小，既可产生张裂隙，也可产生剪裂隙。成岩裂隙可以发生在成岩作用的各个时期，有早期的收缩缝和晚期的溶蚀缝等。成岩裂隙一般不具方向性、延伸不长、受层面限制、形状不规则且缝面有弯曲，是层内运移的重要通道。

（四）断层

1. 断层的通道性与封闭性

一般认为：走滑断层、压扭性断层的封闭性较张性断层好；断层倾角小有利于封闭

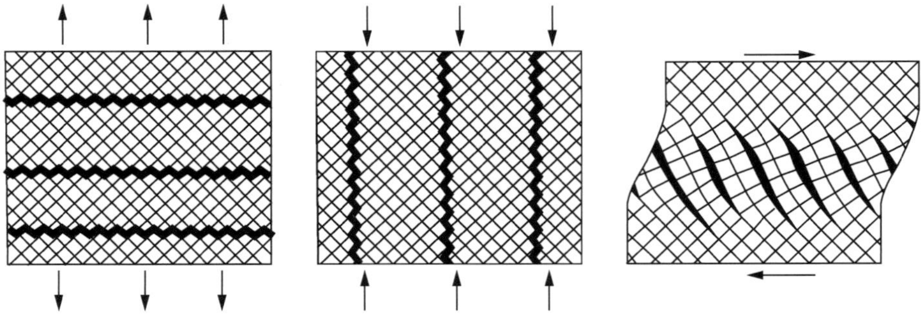

图 4-7 在正应力和剪应力作用下所产生的张裂隙和剪裂隙示意图

（据王新洲，1996）

性，倾角大则有利于通道性，区域主应力越大，埋藏越深，封闭性越好；断层剖面塑性岩石多，封闭性强，脆性岩石多，则通道性好；断层的活动期多具通道性，静止期多具封闭性，此外断层带内流体的压力越大，断层的封闭性越差。所以要确定断层的通道性和封闭性是很困难的，甚至同一个断层在不同部位或不同的时期也能表现出不同的作用。

断层与油气运移的关系可分为两个具体问题来讨论，一是横穿断层面运移；一是沿断层面运移（图 4-8）。横穿断层面运移主要决定于断层两盘并置的岩性。如果砂岩层与泥岩层（包括断层泥）并置，那么砂岩中的流体将很难发生穿断层面的运移。如果断距比较小或是砂岩层很厚，断层两盘仍有砂岩层并置则仍有穿断层面的运移。沿断层面运移的问题比较复杂，从理论上讲至少要有 3 个先决条件：第一，断层两盘地层的渗透率很低，横穿断层面的运移难以发生；第二，断层面本身必须具有一定的渗透率；第三，沿断层面上下必须具有流体势梯度。一般是只有当横穿断层面的运移受阻时，才可能发生沿断层面的运移。如果沿断层面的运移也受阻，这时断层才能真正起到封闭作用。可见，在三维空

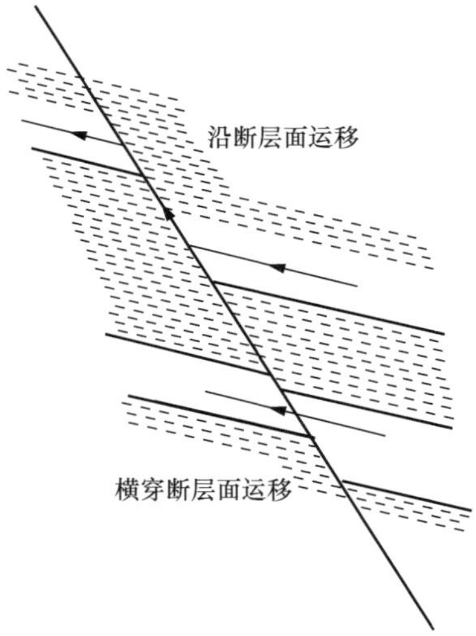

图 4-8 横穿断层面运移与沿断层面运移示意图

（据 Chapman，1983）

间里断层至少要在两个方向上形成封堵才具有封闭性，而只要在一个方向上形成通道就具有通道性。由此看来断层的通道性似乎更为普遍。

2. 断层带的结构和流体运移

实际上断层不是一个简单的滑动面，而是一个具有一定结构的断层带，通常是由破碎带和裂缝带组成（图4-9）。断层带的这种结构虽受多种地质因素影响，但主要是反映断层形成过程中的应力状态。破碎带所受应力最大，也最集中，它反映出断层带的大部分变形，其中还充填了各种断层岩；分布其两侧的裂缝带所受应力要小得多，岩石没有明显的相对位移，仅发生局部的破裂，产生了许多与主断裂滑动面平行或呈锐角相交的裂缝和微裂隙。

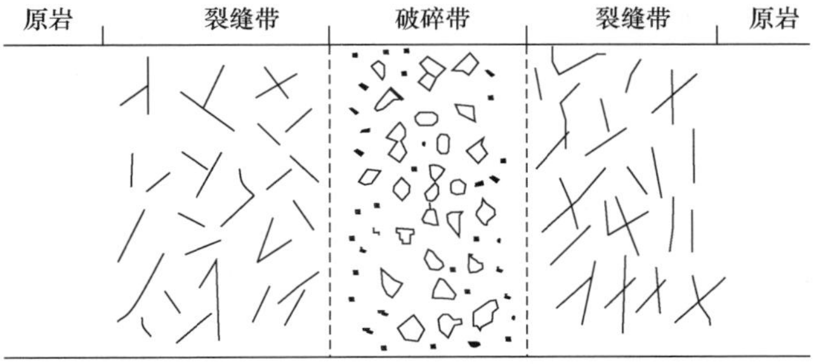

图4-9　断层带内部结构示意图
（据李明诚，2013）

一般是断距越大的大断层，其内部横向的两层结构发育越齐全，而4或5级和小断层的裂缝带往往缺失或不明显，破碎带中也很少有断层岩充填。通常断距的大小与裂缝带的宽度成正比。可见，断层结构的发育程度上要受应力作用的大小控制，因此它们在时空上的分布也随应力大小的变化而变化。在空间上：通常正断层上盘的应力较下盘集中，因此上盘的裂缝带较下盘宽、裂缝密度大、渗透率高；断层走向中部的断距最大、断层带结构发育完整，而断层走向末端断距减小、裂缝带不发育，甚至仅形成一些微裂隙。在时间上：断层发育初期，破碎带和裂缝带刚形成不久，此时对油气无论是垂向还是侧向运移均具通道性；随断层进一步演化，破碎带中逐渐形成低渗透的断层岩屏障，从而阻止油气的侧向运移，此时裂缝带仍可进行垂向运移；当断裂活动减弱，埋深及成岩胶结作用加强时，裂缝和微裂隙闭合使断层带的孔渗物性全面降低，此时断层对油气主要起封闭作用。

断层通道性和封闭性的作用和转换，其实质就是渗透性好坏的作用和转变。破碎带中由于充填了各种断层岩，有黏土、碎石、角砾和糜棱化的断层泥，岩石破碎粗细混杂，致使其渗透率较原岩一般小1~3个数量级，因此破碎带对油气大多起封闭作用，特别是横穿断层的侧向运移；而裂缝带（未被胶结前）的渗透率可比原岩大2~3个数量级，因此裂缝带对油气具有较好的通道性，特别是沿断层的垂向运移。了解断层带的结构特征及其时空变化对流体运移的影响，就可以根据断层的大小、断层带结构的发育程度以及断层演化的时期，更具体有针对性地评价断层在侧向、垂向上的通道性和封闭性。

3. 影响断层封闭性的主要地质作用

（1）岩性并置作用

由于断层造成的位移使两盘不同岩性的地层相并置。特别是在滑动破碎带断层岩不发育的地层中，如果高渗透性砂岩层与相对不渗透的泥岩层完全并置，则断层在横向上发生封堵。若未能将砂岩层在两盘完全错开，则仍不能形成封堵。但断层是否具封闭性，有时还不能单从一个剖面图上来判断（图4-10）。若仅从该图剖面上看，由于并置人们会错误地认为A层中的油是沿断层向上运移而来，而在三维图上则能真实地反映出油是从B层直接穿断层运移到A层，说明沿断层破裂带中的垂向运移并没有发生。

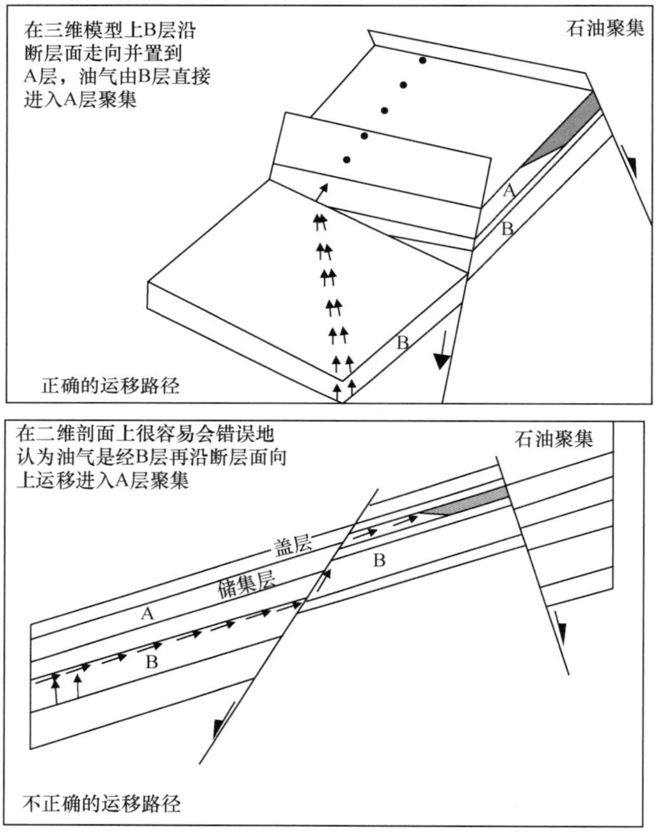

图4-10　剖面上解释油气沿断层面垂向运移的风险

（据Hindle，1997）

（2）泥质涂抹作用

断裂时由于两盘上下错动，地层中的泥质岩层或黏土层发生塑性的牵引，结果在断层破裂带中形成了泥质的涂抹层（图4-11）。该涂抹层既可阻止横穿断层的运移，又可阻止沿断层的运移。显然，涂抹层越厚断层的封闭性越强，一般是泥质岩厚度越大产生的涂抹层越厚，并随断距的增大而减小。

泥质涂抹因子（*SSF*）用于描述断层面上某一层泥质岩形成连续涂抹层的可能性，并用下式定量地表述，即*SSF*=垂直断距/泥质岩厚度。*SSF*值越小连续涂抹的可能性越大，断层的封闭性也就越大。根据 Welte 等（1997）对 80 个断层的研究认为，当 $SSF>7$ 时泥质涂抹就变得不完整了，因此 7 就是连续涂抹封闭的门限值。

在实际应用中，较为简便的方法是以断距窗中所有泥质岩的数据为基础，来探讨断层的封堵问题。为此提出断层泥比（*SGR*）或涂抹断层泥比（Skerlec，1996），并定最地用下式表述：

$$SGR=\sum 泥质岩厚度/垂直断距\times 100\%$$

该值越大封闭性越强，正好与 *SSF* 值相反。通过两者表述式的比较可知，$SSF=7$ 时相当于 $SGR=14\%$，所以该值也就是用 *SGR* 表述断层封闭性的门限值（图 4-12）。此外，除了泥质岩可以形成涂抹层和断层泥外，其他岩性的地层在断层错动时可以被破碎成细粒状，从而堵塞断层带内的通道空间，使断层形成不同程度的封堵。

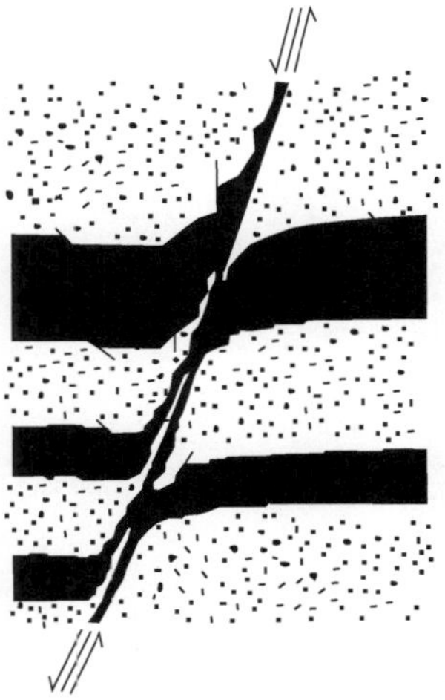

图 4-11　断层中泥质岩的涂抹现象

（据 Welte et al.，1997）

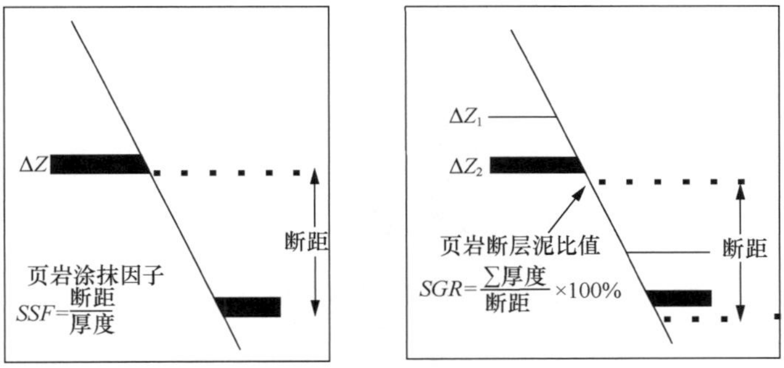

图 4-12　涂抹因子与断层泥比值的计算方法

（据 Lindsay，1993；Skerlec，1996）

（3）张裂作用

指原来闭合的断层和裂缝在应力差和流体压力的作用下重新张开的作用，可使流体沿张开的裂缝向上运移。张裂作用可以在很大深度上产生和存在，先前产生的剪切裂隙也能张开。

（4）矿化作用

断裂带中常见有方解石、石英、高岭石以及各种硫化物、氧化物等自生矿物和化合物。它们大多以胶结物的成分堵塞通道空间，特别是对派生裂缝带的胶结堵塞，使断层形成封闭。同时也说明断层曾是流体进行垂向运移的通道，因为只有流体活动才能有活跃的矿化作用，才能形成各种自生矿物和化合物，甚至形成矿床。由于断裂活动引发深部高温、超压，高盐度流体向上释放，与浅层下渗的低温流体相遇，两种温度、压力和化学成分不同的流体相混合必然发生大规模的沉淀、胶结和矿化作用，并导致断层封闭（图 4-13）。矿化作用的存在使人们进一步认识到断层确实具有通道和封闭的双重性，并可在地质时期中交替出现。

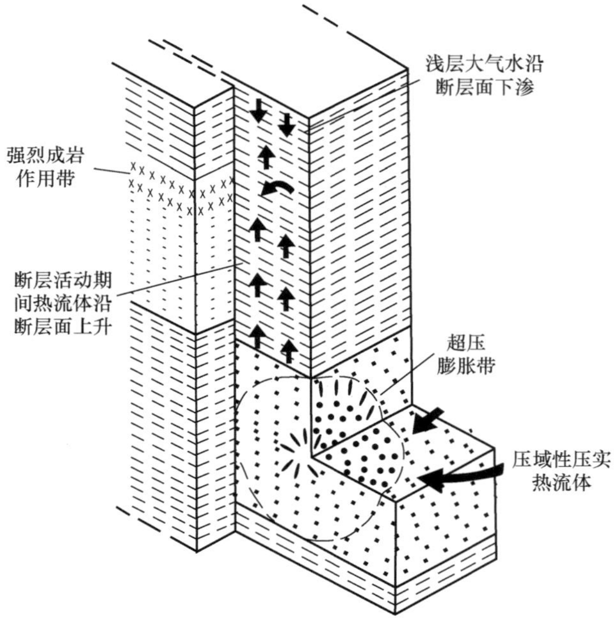

图 4-13　断裂活动流体释放与矿化胶结作用

（据费琪，1997）

二、输导体系及优势运移通道

输导体系是相对某一独立的油气运移单元而言的，它是含油气系统中所有运移通道及其相关围岩的总和。含油气盆地中含烃热流体的运动及其运聚成藏的全过程都是在三维地层格架中进行，作为连接生、储、盖、圈等成藏要素的桥梁和纽带，输导体系在油气成藏过程中起到了决定性作用，因此识别及研究由沉积体、间断面、裂隙及断裂网络等要素构成的输导体系是开展盆地内油气运移成藏工作的前提和基础。

盆地内流体输导体的三维配置十分复杂，而且各种输导体的输导能力也随着盆地演化而发生变化。同样，油气运聚也很复杂，作为烃源岩和储集岩之间的输导通道，常常是由于多种输导体组合形成的复合的输导网络。

储集层输导层之间以及和其他类型输导层的空间配置关系将影响其有效性。储集层间的配置取决于彼此间的连通方式和连通体积，连通体积越大，瓶颈效应越小，越有利于运移；当储集层与断层和不整合配置时，只有位于储集层上倾方向的配置才是有效的。

简单输导系统在地质空间中的存在并非总是以单一的形式，而往往是以相互组合的形式。按照它们的空间组合形式，可形成以下 4 种复合形式的输导系统。

（一）砂体-不整合面组成的输导系统

油气在地质空间中进行更复杂侧向运移（其中包括先进行侧向再进行斜向的运移）的立体网络通道（图 4-14a），通常是凹陷中生成的油气向古隆起侧向或斜向运移的主要通道。这种输导系统中油气的运移不仅受到砂体分布形态的控制，还要受到不整合面分布形态的控制，是油气在地下进行长距离变方向侧向运移的良好通道。

（二）砂体-断层组成的输导系统

是油气在地质空间中既进行侧向运移又进行垂向运移（即以连通砂体进行侧向运移，以断层进行垂向运移）的立体网络通道（图4-14b），通常是凹陷中生成的油气向侧向古隆起之上的各种圈闭（背斜、断块、构造岩性和断层岩性圈闭）进行运移的主要通道。这种输导系统仅仅在断裂活动期对油气运移起作用，当断裂停止活动后，断层逐渐封闭，断层作为输导系统的功能也随之消失，并开始起遮挡作用，结果使这种组合形式丧失了立体输导层网络通道的功能，此时只有砂体能起侧向通道作用。

（三）不整合面-断层组成的输导系统

是油气在地质空间中既可以进行侧向运移又可以进行垂向运移的立体网络通道（图4-14c），通常是生油凹陷中生成的油气向古隆起斜侧向运移的主要通道。这种输导系统由于受断层活动与开启性的限制，也仅能在断裂活动中发挥输导作用，断裂停止活动后，仅不整合面能起斜侧向输导系统作用。

（四）砂体-断层-不整合面组成的输导系统

是油气在地质空间中进行更复杂立体运移的立体网络通道，通常是油气自凹陷向古隆起顶部的各种圈闭（背斜、断块、构造-岩性和断层-岩性圈闭）进行立体运移的主要通道（图4-14d）。这种输导系统也仅能在断裂活动中发挥作用，断裂静止期只有砂体与不整合面构成的立体网络通道起斜侧向输导系统作用。

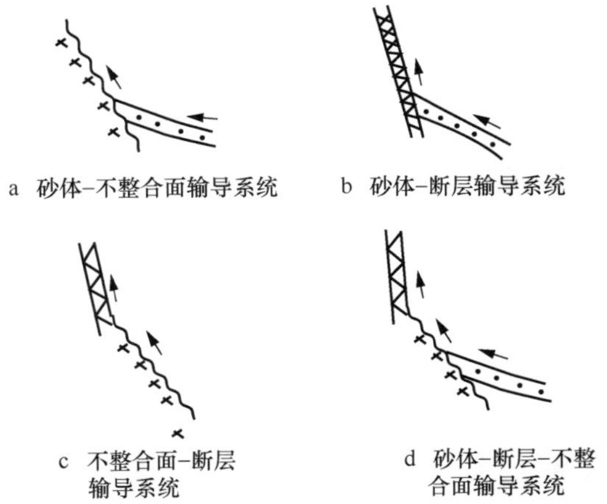

图4-14 复合油气输导系统的基本类型
（据李明诚，2013）

上述4种输导系统，也仅仅是最基本的形式。在地质空间中，它们之间的每一个构成要素都可以多次与另一构成要素进行组合，形成更加复杂的油气运移的立体网络输导系统，使油气在地层中能向不同方向、以不同距离进行立体运移。

在一个含油气盆地中，当多种输导体系都起作用时，各种输导体系在时空上的匹配就很重要。如果一个含油气盆地中的输导体系是由几种类型的输导体系组合成的，每种输导体系的输导性质都是相对来说比较好的，但如组合不好也不能形成工业型的油气藏。

三、优势运移通道

自然界中的流体总是沿最省功的通道流动，这可以说是一个基本的规律。同理，在非均质的地层中油气也总是沿渗透率最大、毛细管阻力最小的通道运移。因此，二次运移不可能在整个运载层中发生，只可能在其中孔渗性最好的那一小部分通道中进行。优势通道是指油气在地下运移的主要方向和路线。油气运移优势通道取决于：①输导体和烃源体接触关系；②各种输导体的输导能力；③各输导体间的配置关系。优势通道主要体现为沿垂直于油气的等势线方向运移，大体上也就是沿垂直于地层构造等高线的方向，这也是最省功的路径。当构造线形态在平面上有凹凸变化时，就形成了聚敛式和发散式的运移方向，因为在聚敛方向上能提供更多的烃源，对油气的聚集最为有利。

第三节　流体聚集机制与过程

油气聚集是发生在二次运移过程中的事件，当油气运移遇到三维空间上的屏障时就开始了聚集。随着时间的推移和外界地质条件的变化，一旦运移屏障消失或遭破坏，聚集的油气将再次运移，也可能再次聚集。可见，油气运移是绝对的，而油气聚集是相对和有条件的，也可以说油气的聚集在时间上只是二次运移长河中短暂的一部分，在空间上也只是二次运移范围中的很小一部分。

一、油气聚集的动力学机制

油气的聚集从动力学上可分为两大类：一类是在势差或压差作用下的浮力-水动力机制；另一类是在浓度差或盐度差作用下的渗透力-扩散力机制。

（一）浮力-水动力机制

这是油气在圈闭中聚集的主要动力学机制，它包括了渗滤和排替两个主要作用。随水运移的游离烃和含烃水流在浮力和水动力作用下进入圈闭后，由于亲水的物性封闭盖层一般对水不起封闭作用，水就可以通过盖层继续运移，油气则因盖层的毛细管封闭而过滤下来，聚集在圈闭中并排替出同体积的孔隙水，这些水也随含烃水流从盖层排出，随着油气不断地充注和水不断地排出，圈闭中的烃类逐渐富集并最终形成油气藏（图4-15），这一过程主要是渗滤作用。但该机制是以盖层对水不封闭为前提，如果盖层是优质的膏盐岩或者是渗透率极低具压力封闭的泥质岩，则水就很难从盖层排出。Chapman 等（1982）认为，泥质盖层中的流体压力一般比相邻砂质储集层中的大，因此，圈闭中的水难以通过盖层。进入圈闭的油气首先是在底部聚集，随着烃类的增多逐渐形成具有一定高度的连续烃相。此时，在油水界面上油和水的压力相等，而在油水界面以上任一高度，由于密度差产生的浮力，油气的压力总比相同高度上水的压力大。因此，就产生了一个向下的流体势梯度，致使油气在圈闭中向上运移的同时把水向下排替，直到束缚水饱和度为止。随着油气不断进入圈闭，油-水或气-水界面不断向下移动，直到圈闭的溢出点高度为止，这一过程主要是排替作用（图4-16）。

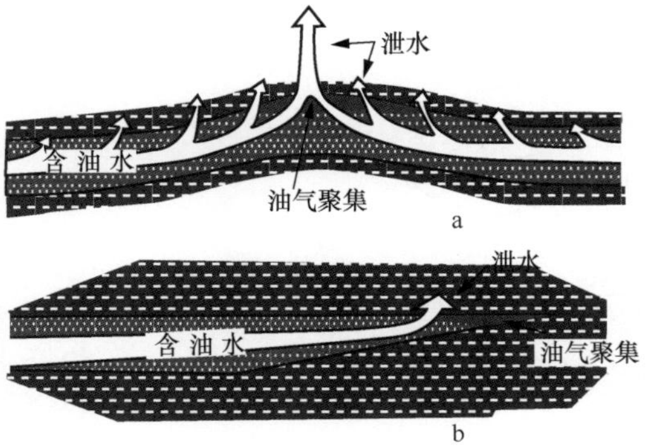

图 4-15　圈闭中的油气聚集
（据 Roberts，1980）
a—背斜圈闭；b—地层圈闭

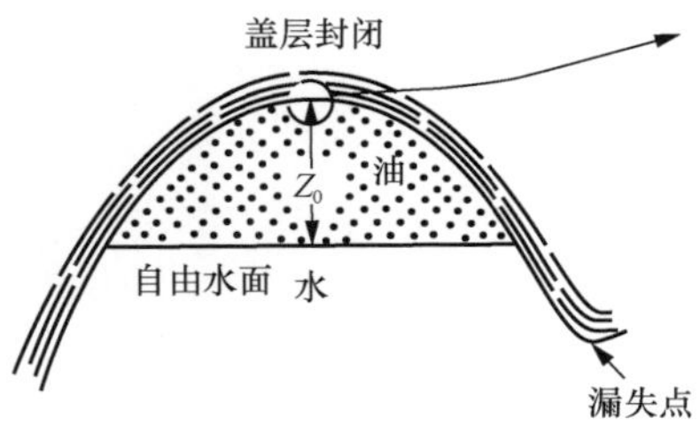

图 4-16　圈闭中的排替作用
（据李明诚，2013）

在实际地质条件下，当上覆盖层只有毛细管封闭时，油气在圈闭中的聚集大多是上述两种作用的混合机制。因为任何储集层都是非均质的，而油气的充注也是渐进的，在首先被油气占据的连续空间里可能先发生排替作用，把水往下排到储集层的含水部分；在仍被水占据的连续空间里仍发生着渗滤作用，水从上覆盖层排出。当圈闭中或油（气）-水界面处的含烃饱和度达到60%以上，根据双相运移的原理，此时水就很难透过油（气）层通过上方盖层继续运移，只能从下方溢出点排出。由此推测，在油气聚集的初期可能是以渗滤作用为主；而当油气聚集到一定程度之后可能是以排替作用为主。如果盖层是异常高压封闭，则圈闭中的水很难通过上覆盖层而发生渗滤作用，只能发生向下的排替作用。如果圈闭中是超压储集层，则其中流体主要是通过上覆盖层发生渗漏。

（二）渗透力-扩散力机制

对含盐层系或致密地层中的油气聚集有重要作用。由盐度差产生的渗透压力所引起的渗透流，是使烃类相对富集的重要机制。高盐度区具有圈闭的功能，使低盐度区的水不断流向它，其中烃类（特别是天然气）由于盐度增加而出溶转变为游离气。如果渗透流是向上或上倾方向，再伴随着压力的降低，那么出溶作用就更加显著，并最终导致天然气的富集。盐度差不仅是产生渗透流的动力，而且往往由于地温降低或气候进一步干燥，致使地层水的含盐量达到过饱和而产生沉淀，此时还能成为好的盖层封闭其下的天然气。因此，在含盐层系中或现代盐湖区都可能有天然气的聚集。

在致密地层中虽然烃类很难发生渗流，但在烃浓度差作用下气态烃还可以进行分子扩散，当其遇到更致密的阻挡层时天然气就可以相对富集。如果是扩散到具较大孔渗的部位，扩散流就可以转变为渗流，能更有效地参与天然气的聚集。总之，在浓度差作用下的富集机制，对某些地质条件下（如透镜体砂岩中）的烃类聚集有重要作用（图 4-17）。

实际上在油气聚集的过程中，上述两类动力学机制往往不能截然分开，它们可以随地质条件的变化而相互转换共同作用，最终形成油气的聚集，在这一过程中每种机制只有主次之分。

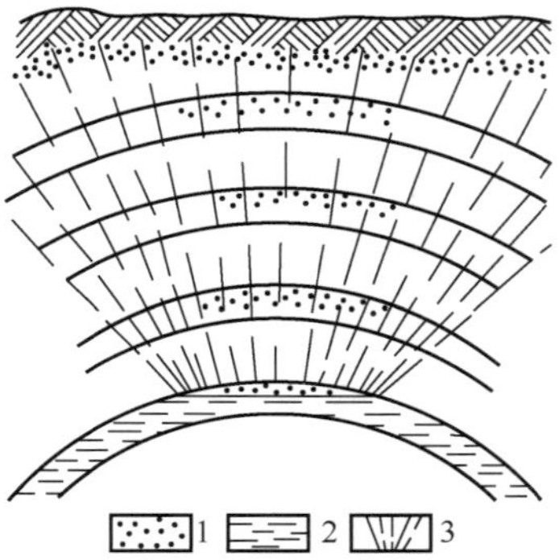

图 4-17　扩散作用形成的天然气聚集

（据维索茨基，1954）

1—气；2—水；3—扩散气流

二、油气聚集的过程

油气聚集的机制主要是探讨油气聚集的一般原理和宏观规律，而油气聚集的过程主要是探讨油气进入圈闭的方式和状态，以及在圈闭中所发生的各种物理、化学作用。总的来说，油气在圈闭中的聚集包含了充注、混合和富集这 3 个过程，如果没有重大地质事件发生，整个过程就是一个具有幕式特征的连续过程。

（一）充注过程

油气不断进入圈闭储存空间的过程称为充注。根据流体运移的原理，油气总是首先进入渗透率最高、排替压力最低的储集层部分，随着油气的不断充注，在烃柱压力的作用下，逐渐向孔渗条件差的部分扩展，从而使圈闭储集层中的含烃饱和度不断增加。根据 England（1987）的研究表明，石油在一个圈闭中的实际聚集过程可以分为两个阶段，第一个阶段是石油首先进入具有最大平均孔隙喉道半径的岩层中，第二阶段是进入这种岩层内最容易进入的孔隙中。其详细过程为（图 4-18）：

1）石油从生油层进入储集层，沿粗大孔隙呈树枝状网络运移。

2）随着石油的增加，将在圈闭内以一种“推进式的前沿”向圈闭顶部运移，同时占据一些大孔隙空间。

3）随着上述过程的不断进行，最大孔隙空间层的石油网络厚度不断增加，从而引起其所受浮力的增大，把圈闭内的水挤出，油不断挤向圈闭顶部。

4）最后整个圈闭几乎被石油充满，仅剩下一些小孔喉联通的孤立部分。

在同一油源，地质条件相对稳定的条件下，油气的充注是一个带有幕式特征的连续过程，这是由幕式排烃、幕式运移所决定。异常高压烃源岩的存在，说明地下必然发生幕式排烃；盆地中高压流体封隔体的存在，断层及裂缝等通道的张开、闭合，运移所需浮力及含烃饱和度的积蓄，都说明地下必然发生幕式的二次运移；而圈闭储集层非均质性所具有的不同排替压力，也必然导致油气在圈闭中呈幕式充注。同时，根据油气充注方向将其划分为沿储集层方向的侧向充注和垂直储层方向的垂向充注。

（二）混合过程

储集层的非均质性和充注过程的差异性，造成了圈闭中充注的油气在侧向和垂向上都

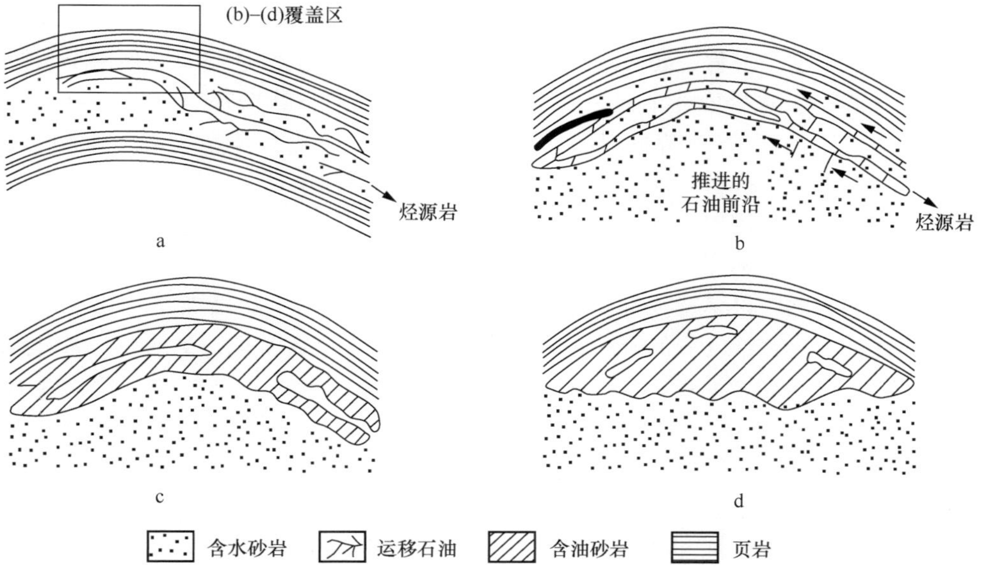

图 4-18　典型的油气充注过程
（据 England，1989）

具非均质性。正因为在空间上存在这些差异，也就必然存在消除这些差异的混合过程，最终达到均匀的、符合重力分异作用的稳定状态（图 4-19），所以充注和混合是几乎同时存在的两个过程。圈闭中油气发生混合的机制主要是密度差混合、浓度差混合以及热对流混合这 3 种作用，其中以前两种作用最为重要。密度差异混合是圈闭中高部位与低部位石油密度差引起的。不同时期充注的石油成熟度不同，密度也不同。早期充注的成熟度低、密度较大的石油占据圈闭的顶部，而靠近圈闭充注点的翼部或底部的石油成熟度较高、密度较低，形成不稳定的“上重下轻”的密度倒置。因此，发生较重的石油下沉，轻质油上浮。浓度差异混合是圈闭中石油组分的浓度差异引起的，实质上就是扩散混合作用。与流体的重力混合作用相比较，扩散混合作用是分子运动引起的微观现象，但却是普遍存在、永不停息的作用。其结果是部分或全部消除了侧向上的浓度梯度，在垂向上建立起由重力分异作用形成的浓度梯度。

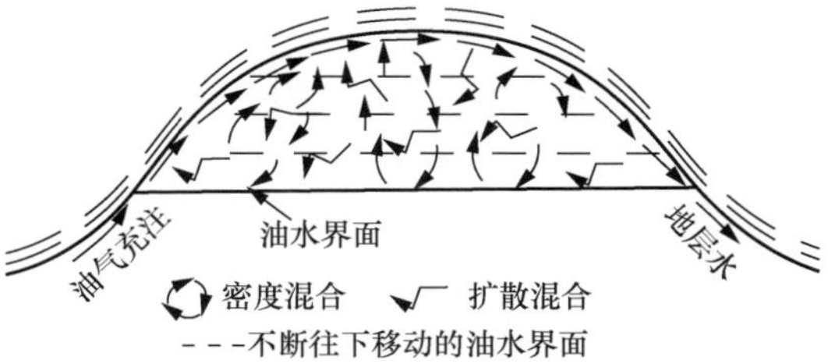

图 4-19　油气在圈闭中的混合过程
（据李明诚，2004）

（三）富集过程

油气在圈闭中聚集的过程，实际上也就是油气在圈闭中富集成藏的过程。随着油气不断向圈闭中充注，在重力、扩散和热对流的混合作用下，油气在圈闭中不停地运动，同时也不断富集起来。这一过程主要表现在以下 3 个方面：油气把水从储集层顶部不断往下排替；油-水界面或气-水界面逐渐向下移动；油气中的压力不断增加。由于油与水的密度差，造成圈闭中油（气）-水界面以上任一高度的油（气）压力都比水大，结果形成一个向下的势梯度把水往下排替，同时油（气）-水界面逐渐向下迁移。随着油气的充注，烃柱的高度和压力也不断增加，这不仅加快了上述过程，同时也使油气不断向储集层低孔渗部分扩展，直到束缚水饱和度为止。

这一过程的必然结果是造成储集层中含油（气）饱和度不断增加，并在垂向剖面上发生变化，这种变化在油气藏的开采过程中得到证实。人们通常把一个油藏大致分为 4 个带（图 4-20），即：纯含油带，含油饱和度在 55%以上，产无水油；过渡带，含油饱和度为 10%~55%，油水同产；残余油带，含油饱和度在 10%以下，只产水；饱和水带，只有不含油的孔隙水。如果储集层非均质性很强，那么 4 个带的划分就不明显，在横向上的变化也就很大，且不能对比。如果储集层是低孔渗致密地层，由于排替压力高，油气难以大量进入其中，致使含油饱和度不高，往往达不到 55%以上而无纯含油（气）带，结果只能在油（气）中，致使含油饱和度不高，往往达不到与水同产，甚至只含有油（气）而不产油（气）。所以，油气在圈闭中的富集过程是决定油藏品位、有无经济价值的关键，它直接与储集层非均质性和油源供给有关。

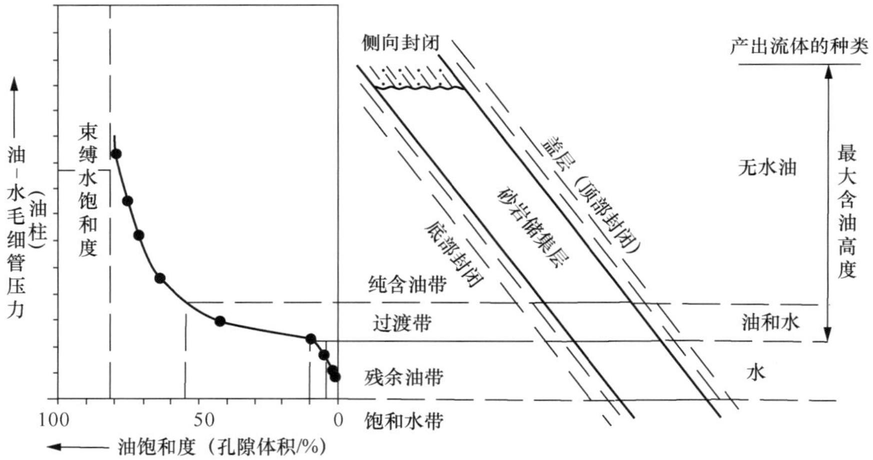

图 4-20 含油饱和度与油藏中流体分布、产出关系

（据 Schowalter，1979）

第五章　非常规油气成藏理论

非常规油气资源是盆地流体的重要组成部分，它具有与常规油气完全不同的富集成藏特征，是近年来石油地质学发展的一个新兴学科方向。本章主要介绍非常规油气概念与类型、非常规油气聚集的定义及基本规律等知识点。

第一节　非常规油气概念与类型

一、非常规油气基本概念

非常规油气是指在现有经济技术条件下，用传统技术无法获得自然工业产量、需用新技术改善储层渗透率或流体黏度等才能经济开采、连续或准连续型聚集的油气资源（邹才能等，2011）。非常规油气多数为源储共生型油气聚集，包括源储一体型和源储接触型两种类型。

连续型油气聚集是指，在大面积储集体系中，油气连续性分布，没有明显圈闭界限，水动力效应不明显的油气聚集，如致密油和致密气、页岩油和页岩气等。与传统意义的单一闭合圈闭油气藏有本质区别。

准连续型油气聚集是指大范围分布的油气聚集，是介于连续型与非连续型之间的油气聚集资源，多数为源储分离型油气聚集。

源储共生型油气聚集是指源岩层系及与其大面积紧密接触的致密储集层系中的油气，是非常规油气资源的主体，包括源储一体型和源储接触型两种基本类型。源储一体型油气聚集：是指烃源岩生成的油气没有排出，而是滞留于烃源岩层内部，包括页岩气、页岩油和煤层气等。源储接触型油气聚集：是指与烃源岩层系共生的各类致密储集层中聚集的油气，包括致密油和致密气。源储接触型油气经过短距离运移，储集层岩性主要包括致密砂岩和致密灰岩等。

二、非常规油气主要类型及分类

（一）非常规油气类型

通常将其分为非常规石油资源和非常规天然气资源两大类，前者主要指致密砂岩油、致密灰岩油、重（稠）油、油砂油、页岩油、油页岩油等，后者主要指致密砂岩气、煤层气、页岩气、天然气水合物等。

1. 致密砂岩气

致密砂岩气在美国被称为低渗透气或隐蔽气，是覆压基质渗透率≤$0.1\times10^{-3}\mu m^2$（约相当于空气渗透率≤$1\times10^{-3}\mu m^2$）的砂岩气，单井一般无自然产能，或自然产能低于工业气流下限，但在一定经济条件和技术措施下，可以获得工业天然气产量（Stephen，2006；Nethring，2008；袁政文等，1990；许化政等，2001；邹才能等，2011）。通常情况下，这些措施包括压裂、水平井、多分支井等。

致密砂岩气的基本特征是：储层物性差，孔隙度<10%，渗透率为$1\times10^{-12}\sim1\times10^{-3}\mu m^2$；砂泥间互，源储邻接；无明显圈闭和直接盖层，但上覆区域性盖层好，构造活动性弱，保存条件好；主要分布于盆地中部及斜坡，气水界限分布复杂。天然气聚集服从"活塞式"运移原理，一般致密气运移聚集表现为气层与煤系源岩大面积接触，以短距离二次运移为主。

2. 致密油

致密油是储集在覆压基质渗透率≤$0.1\times10^{-3}\mu m^2$的致密砂岩、致密碳酸盐岩等岩层中的石油（关德师等，1995）。单井一般无自然产能或自然产能低于工业油流下限，但在一定经济条件和技术措施下可获得工业石油产量（李忠兴等，2006；闽琪，1998）。致密油与页岩油、油页岩油存在明显区别。

致密油主要地质特征是：覆压基质渗透率≤$0.1\times10^{-3}\mu m^2$，孔隙度<10%，一般API>40°。形成致密油需具备3个必要条件：①广覆式分布的Ⅰ型或Ⅱ型优质成熟生油层；②大面积分布的储集层；③致密储集层与生油岩紧密接触。

3. 页岩气

页岩气是以吸附态与游离态赋存于富有机质和极低孔渗的页岩地层中的天然气，该页岩地层系统以页岩为主（戴金星等，1996；邹才能等，2010）。富烃页岩既是烃源岩，又是储集岩，主要有粒间孔、粒内孔和有机质孔，发育纳米级孔隙系统。高有机质含量的黑色泥页岩、高碳泥页岩是形成页岩气的基本条件。影响页岩气形成的因素很多，其中有3个因素最为关键：一是有机质丰度，有机质丰度越高，含气量越大，一般要求TOC>2%；二是有机质成熟度，一般热成因气页岩的R_o>1.1%；三是页岩的岩石性质，其控制产能大小，一般要求脆性矿物（石英、长石等）含量达到40%，裂缝发育，有利于吸附气产出（蒋裕强等，2009；聂海宽等，2009）。

页岩气具有以下基本特点：一是页岩气主要形成于成熟有机质热演化阶段；天然气赋存方式既有游离气，也有吸附气；二是页岩气分布于平缓斜坡区、坳陷区和盆地边缘，含气范围广，气层厚度大，有核心区和"甜点"区，可预测性强；三是单井产量不高，稳定产量一般<$1\times10^4 m^3$，但稳产时间长，可以持续生产20~30a以上，一般不产水。

4. 页岩油

页岩油是指赋存于富有机质、纳米级孔径页岩中的石油聚集。石油基本未经历运移，原位滞留。页岩既是生油岩，又是储集岩。页岩油以吸附态和游离态存在，一般油质较轻、黏度较低（贾承造等，2012）。在较高热演化的生油岩中，页岩热演化处于凝析阶段，形成凝析页岩油。目前研究较多的是海相页岩气，陆相页岩油还没有获得真正意义上的工业化突破和规模化生产。

与页岩气不同，页岩油主要形成在有机质演化的"生油窗"阶段（R_o介于0.5%~2.0%之间）。在富有机质页岩持续生油阶段，石油也在页岩储层中滞留吸附、持续聚集，只有在页岩储层自身饱和后才向外溢散或运移。页岩油一般分布于平缓斜坡区、坳陷区或盆地边缘烃源岩排烃不畅的地区或层段。目前世界上具有工业产量的页岩油绝大多数来自裂缝型泥页岩，真正的无裂缝基质页岩中尚无形成规模产量的报道。具有工业价值的页岩油一般形成于特殊的地质环境和聚集条件：①厚层、优质烃源岩；②脆性矿物含量>40%；③广泛发育微米—纳米级基质孔喉系统；④页岩中具网状裂缝。

5. 煤层气

煤层气是一种生成并储存于煤层中，以甲烷为主要成分、以吸附状态为主的烃类气体，在煤矿开采中俗称为“瓦斯”（戴金星，1979）。煤层气是煤层中自生自储式非常规天然气，源储一体，圈闭界限不明显。主要由甲烷（含量超过95%）和极少量的较重烃类（大部分为乙烷和丙烷）及氮气、二氧化碳组成。煤岩不仅持续生烃，而且运移、聚集、分布以及开采过程均表现出“连续性”特征。

煤层气在煤层中的赋存形态以吸附在煤层颗粒基质表面为主，少量以游离态存在于煤层割理、裂缝中，以溶解状态存在的煤层气含量极少。一般煤阶越低，煤层游离气越多；煤阶越高，煤层吸附气越多。由于生成、赋存、富集条件和开发方式不同，煤层气与常规天然气既相似，又有其自身的特点。煤层气赋存具有明显的分带性，依据煤层气 $\delta^{13}C_1$ 值、非烃含量、甲烷含量和开采特点，由盆地边缘向腹地一般可划分为氧化散失带、生物降解带、饱和吸附带与低解吸带 4 个带。其中饱和吸附带盖层条件好，处于承压水封闭环境，含气量大，吸附饱和度高，煤层埋深适中，物性较好，气井单井产量高，是煤层气勘探主要目标区。

6. 碳酸盐岩缝洞油气

碳酸盐岩缝洞型油气是在经过多期构造运动以及古岩溶作用后，形成的一种大面积、似层状缝洞系统型碳酸盐岩油气聚集。由一系列复合连片的小型油气缝洞单元连片组成，油气水分布不完全受局部构造控制，流动通道和储集空间主要分布在不整合面附近，由溶蚀孔、洞和多级断裂形成的裂缝系统等组成。不同期次、不同尺度规模的孔、洞、缝一起构成了复杂的网状输导系统，具有很强的非均质性。

碳酸盐岩缝洞油气具有以下特点：油气呈大面积准层状分布，宏观油水界面受不整合面控制，不同位置油气幅度差值可达千米；单一缝洞单元内具有统一的温压系统。碳酸盐岩缝洞型油气流动机理较为复杂，同时存在着类似的管流与渗流，呈准连续性分布。

7. 火山岩储层油气

火山岩储层油气是以火山岩为储层的油气聚集，火山岩本身不具有生烃能力，其油气源主要来自外部沉积地层中有机质生成的油气，或深部无机成因的油气。火山岩储层岩石类型以中基性玄武岩、安山岩为主，其中玄武岩占32%，安山岩占17%；储集层空间以原生或次生溶蚀孔隙为主，普遍发育各种成因的裂缝，对改善储集层起到了决定性作用。

火山岩储层油气主要分布于有利生储盖配置区，主要发育近源与远源两种类型。近源型组合是指在纵向上火山岩与烃源岩基本同层，在平面上火山岩储层主要分布在生烃范围之内；远源型组合是指在纵向上火山岩与烃源岩不同层，在平面上火山岩储层主要分布在生烃范围之外。目前已发现的大型火山岩油气聚集均与烃源岩近距离接触，以自生自储组合近源聚集最为有利。

8. 变质岩储层油气

变质岩储层油气是指存储于变质岩储层中的油气。变质岩储层油气是一种特殊类型的油气藏，其储油岩体遭受过风化溶蚀或构造改造作用。变质岩本身不能生烃，变质岩内部的油气一般来自新生油气的侧向对接或倒灌，也可能来自深层的无机成因气。

变质岩储层油气最主要的类型是不整合型潜山和基岩油气聚集。变质岩储层的储集空间主要受变质、构造、风化、岩溶、矿物充填和重结晶等作用控制，储集空间以裂缝、粒间孔、晶间孔、溶孔、溶洞为主，集中分布在潜山风化壳中，潜山内幕中也有发现。运聚模式具有侧向油源、复式输导、双向运移、多次聚集的特点。变质岩储层油气聚集往往规模较小、分布散，以油田为主。

9. 重油和沥青

重油和沥青，不同国家有不同的定义标准，一般指黏度大、密度高，埋藏条件下不易流动或不能流动的原油（胡见义等，1994）。在油层温度条件下，黏度$>1.0\times10^4$mPa·s，API$<10°$（相对密度>1.0）的石油为沥青；黏度为50~10000mPa·s，API10°~20°（相对密度0.934~1.0）的石油为重油。

重油和沥青的成因主要有原生型和次生型两种类型。原生型主要是指未成熟油或低成熟油，次生型是指后期遭受生物降解等稠变作用形成的重油。

10. 油页岩

油页岩又称油母页岩，是指高灰分的固体可燃有机岩，含油率应>3.5%，它可以是腐泥、腐殖或混合成因的，其发热量一般≥4.19MJ/kg（刘招君等，2005）。它和煤的主要区别是灰分超过40%（赵隆业等，1991），与碳质页岩的主要区别是含油率>3.5%。油页岩属于未成熟烃源岩，是“人造石油”（即合成液体燃料）的一种重要原料，经加热干馏后可分解生成油页岩油、干馏气和页岩半焦。油页岩油可作为燃料油进一步加工制取汽油、柴油和化学品，也可作为锅炉燃料，在炉内燃烧产生蒸汽发电。

油页岩基本特征是，含油率越高，颜色及色调越深。光泽一般为暗淡光泽、油脂光泽或沥青光泽。油页岩一般是一种由细碎屑矿物组成的沉积物，主要成分是方解石、石英、伊利石、蒙脱石、钠长石、钾长石、黄铁矿，同时还富含钛、银、锰、钡、硼、铬、铅、钒、镍、铷、锌和锆等微量矿物。

11. 天然气水合物

天然气水合物是由主体分子（水）和客体分子（烃类甲烷、乙烷、丙烷、异丁烷等气体分子及非烃类N_2、CO_2以及H_2S等气体分子）在低温（-10~+28℃）和高压（1~9MPa）条件下，通过范德华力相互作用，形成的结晶状笼形固体络合物，其中水分子借助氢键形成结晶网络，网络中的孔穴内充满轻烃、重烃或非烃分子。水合物具有极强的储载气体能力，一个单位体积的天然气水合物可储载100~200倍于该体积的气体量。

天然气水合物通常呈白色，外形如冰雪状。结晶体以紧凑的格子构架排列，与冰的结构相似。天然气水合物中通常含大量甲烷或其他碳氢气体分子，易燃烧，也有人称之为“可燃冰”，而且在燃烧以后几乎不产生任何残渣或废弃物。决定天然气水合物形成和分布的地质控制因素包括温压稳定性、气源、水源、天然气运移和储集岩。

（二）非常规油气分类

油气聚集方式可分为单体型、集群型、准连续型与连续型 4 种基本类型（图 5-1）。常规油气的分布特征通常包括单体型和集群型，严格受圈闭控制，其中，单体型主要为构造油气藏，油气聚集于构造高点，平面上呈孤立的单体式分布；集群型主要为岩性油气藏和地层油气藏，油气聚集于较难识别的岩性圈闭和地层圈闭中，平面上在较大范围内呈集群式分布。非常规油气的分布特征包括准连续型和连续型，不严格受圈闭控制，平面上呈大面积准连续型或连续型分布。准连续型油气聚集，包括碳酸盐岩缝洞油气、火山岩储层油气、变质岩储层油气、重油、油砂油等；连续型油气聚集是非常规油气的主要聚集模式，包括致密砂岩油和气、页岩油和气、煤层气、油页岩和天然气水合物等（邹才能等，2009）。

资源类型	分布特征	油气聚集类型	模式图	实例
非常规油气	连续型	页岩油气	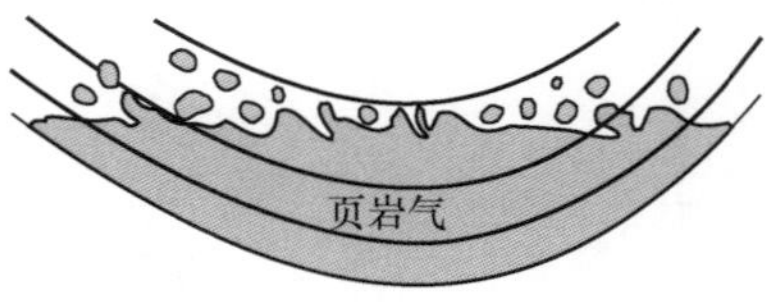	鄂尔多斯盆地三叠系页岩油、四川盆地寒武系、志留系页岩气
		煤层气		沁水盆地石炭系—二叠系煤层气
		油页岩	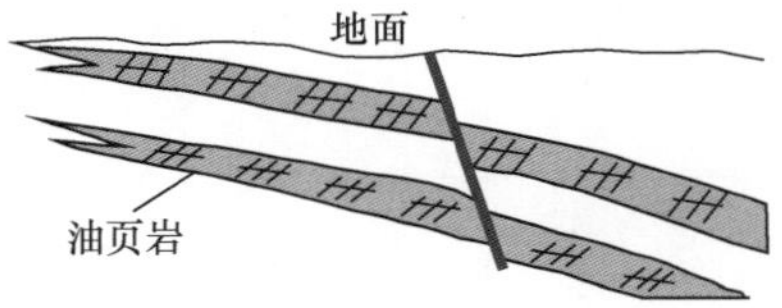	松辽盆地白垩系油页岩
		天然气水合物	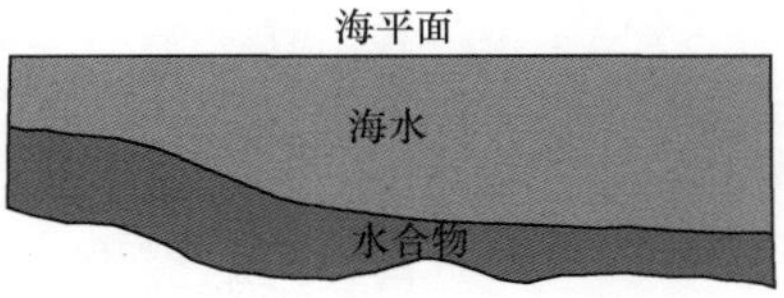	南海北部斜坡区水合物
常规油气	单体型	构造油气藏	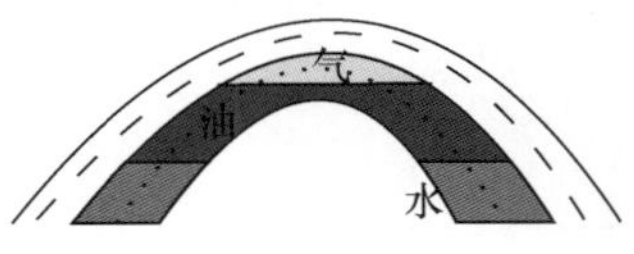	波斯湾盆地二叠系—三叠系诺斯—南帕斯气田；松辽盆地白垩系大庆长垣油田
	集群型	岩性油气藏	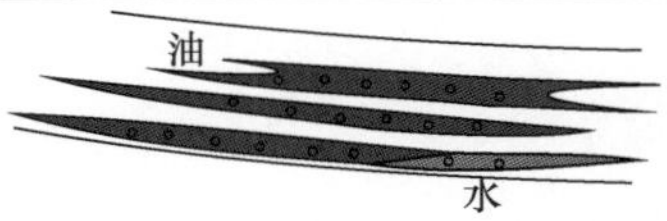	松辽盆地白垩系岩性油藏
		地层油气藏	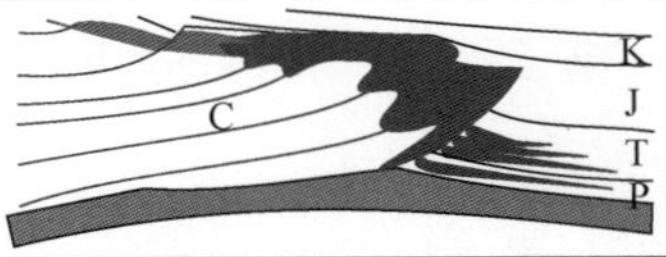	准噶尔盆地西北缘石炭系—侏罗系地层油藏

图 5-1 油气资源类型划分（一）

（据邹才能等，2013）

资源类型	分布特征	油气聚集类型	模式图	实例
		碳酸盐岩缝洞油气	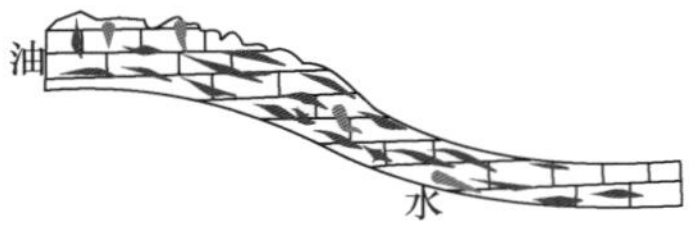	塔里木盆地台盆区寒武系—奥陶系缝洞油气
		火山岩储层油气	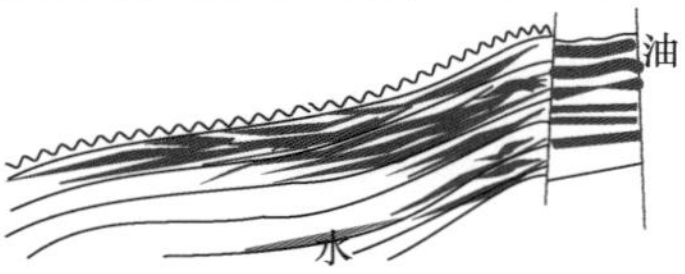	新疆北部石炭系—二叠系克拉美丽气田、牛东油田
	准连续型	变质岩储层油气	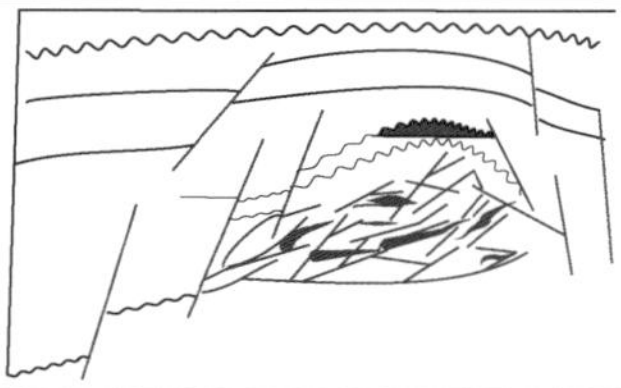	辽河凹陷隆台古潜山内幕油气
非常规油气		重油	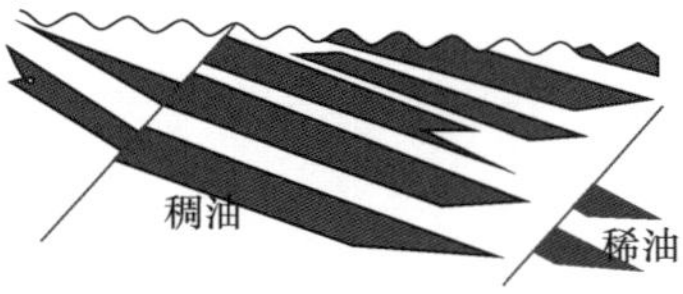	渤海湾盆地新近系重油
		油砂岩	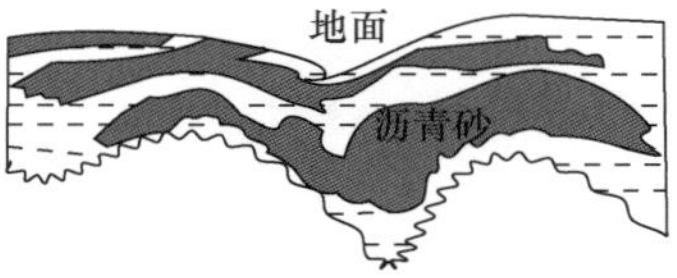	准噶尔盆地西北缘侏罗系油砂
	连续型	致密砂岩油气	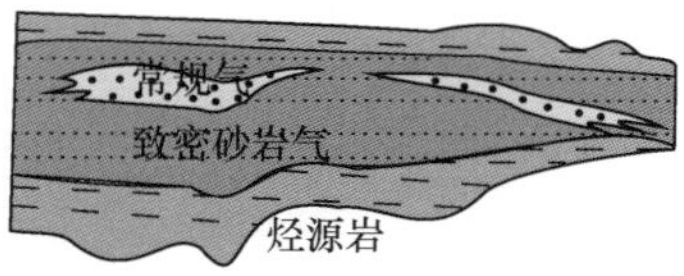	鄂尔多斯盆地石炭系—二叠系、三叠系致密油气
		致密碳酸盐岩油气		北美 Eagle Ford 致密油

图 5-1　油气资源类型划分（二）
（据邹才能等，2013）

第二节　非常规油气聚集

一、非常规油气聚集特征

非常规连续型油气聚集与常规圈闭成藏有以下 10 个方面的明显差异（表 5-1）：

表 5-1 连续型油气聚集特征

序号	特征	非常规连续型油气聚集	常规圈闭油气藏
1	分布特征	盆地斜坡、中心等大范围“连续”分布，局部富集	圈闭独立，非连续分布
2	储层特征	大规模纳米级储层为主	常规储层
3	源储配置	大面积分布的储层	多种源储关系
4	聚集单元	界限不明显的圈闭	界限明显的常规闭合圈闭
5	运移方式	初次运移或短距离二次运移	远距离二次运移为主
6	聚集作用	主要靠扩散方式聚集，浮力作用受限	靠浮力聚集
7	渗流特征	非达西渗流为主，无自然工业产量	达西渗流，有自然工业产量
8	流体特征	流体分异差，无统一流体界面与压力系统，饱和度差异大，油气水易共存	上油气下水，界面明显
9	资源特征	资源丰度较低，储量按井控区块计算	储量按圈闭要素计算
10	技术方法	开采工艺特殊，需针对性技术	常规技术为主，易开采

（据邹才能等，2013）

（一）分布特征

连续型油气聚集往往分布在盆地中心、向斜或斜坡区，大范围“连续”分布，局部富集，突破了传统二级构造带控制油气分布的概念，使得油气的有效勘探范围扩展至全盆地，油气具有大面积分布、丰度不均的特征。聚集空间分布连续是连续型油气聚集最根本的特征和标志（Schmoker，2005）。源储一体或储集体大范围连续分布、圈闭无形或隐形决定了油气大面积连续分布，油气聚集边界不明显，易形成大油气区。致密砂岩气表现出空间上连续分布的特征，是连续型油气聚集的一个典型例子，表现出空间上连续分布的特征，即致密砂岩气大面积连续分布，砂岩地层普遍含气，含气饱和度不均，缺乏明显气水界面与边底水，油气聚集边界不明确（Stephen，2006）。页岩气连续性特征更明显，页岩气产自页岩自身，又储集于页岩层系自身，以游离状态赋存于页岩岩石颗粒之间的孔隙或裂缝中，或以吸附状态吸附于有机物表面，没有明确的圈闭界限与气水界面。煤层气则是以吸附或游离状态赋存于煤层中，圈闭边界更难界定。源储直接接触的盆地中心及斜坡区油气聚集，空间分布上具有“连续性”，如鄂尔多斯盆地三叠系致密油和上古生界致密气在平面上连续分布。

（二）储集特征

连续型油气聚集储层致密，大范围展布，主要发育大规模纳米级孔喉系统，孔隙度一般<10%，渗透率为 $1\times10^{-9}\sim1\times10^{-3}\mu m^2$，由于断裂带发育处常常伴有微裂缝发育，因此储层物性变好。纳米级孔喉的广泛存在，是油气连续型聚集和分布的空间结构基础。如致密砂岩气储层广泛发育直径<0.1μm 的纳米级孔隙，孔隙直径主体介于 25～700nm 之间，包括粒间孔、粒内孔、晶间孔及粒间缝。纳米级孔喉网络导致储层中毛细管阻力较大，决定了储层极低的渗透率（覆压基质渗透率 $<0.1\times10^{-3}\mu m^2$），开发过程中需人造渗透率以提高产能，也限制了浮力在天然气运聚中的作用（宋岩等，2013），气水界限不明确，源储压差提供运移动力，近源聚集。烃类分子、沥青质、环状构造、链

烷烃和甲烷的形成演化，呈现一种连续谱的特征，自身大小自沥青质的4nm变化到甲烷的0.38nm（0.00038μm），皆小于纳米级孔喉大小。纳米级孔的发现，开启了微观储层特征与烃类演化时空匹配关系的研究，使得致密储层中油气驱替和流体活动机制的研究成为可能，对油气资源评价与勘探目标优选具有重要的现实意义。同时，随着技术方法的进步，油气储层微观孔喉研究将不断细化。油气储层孔喉研究将向着物理微观（埃Å及小于埃的尺度）、纳观（几分之一纳米到几十个纳米的尺度）和细观（亚微米到丝米之间的尺度）的超微观方向发展。

（三）源储配置

连续型油气聚集以源储共生的源储配置为主，发育持续生烃的广覆式优质烃源岩，源储一体或源储紧密接触，源内或近源大面积排烃聚集。例如鄂尔多斯盆地苏里格地区上古生界、川中须家河组等烃源岩有机质丰度高、中—高成熟度，煤系可持续生气，为致密砂岩大气区的形成奠定了物质基础（戴金星等，2012）。大型坳陷湖盆沉积后，受区域构造及基底稳定性影响而发生区域性沉降，沉降幅度具相似性，致使烃源岩在相同或相近的地质年代大面积进入成熟阶段，形成“广覆式”烃源层系。与烃源层有充分接触的储集砂体，使油气大面积聚集成为可能。

（四）聚集单元

连续型油气聚集单元是大面积储集层，不存在明显或固定界限的圈闭和盖层。如四川盆地须家河组、鄂尔多斯盆地上古生界和中生界致密砂岩，连通的砂体中存在物性非均质性，天然气聚集在相对好的砂体中，呈弥散式分布，没有明显的圈闭界限。一个相似储集层系就是一个油气聚集系统，储量计算也主要依据井控区块面积。例如，美国Fort Worth盆地石炭系Barnett页岩含气面积达$1.6\times10^4 m^2$，Barnett页岩既是烃源岩，又是储集层，但这种类型的气聚集区不具有传统意义上的圈闭，天然气分布表现为“连续”聚集的特点。

（五）运移方式

连续型油气聚集运移距离一般较短，为初次运移或短距离二次运移，尤其是煤层气、页岩油气，“生-储-盖”三位一体，基本上生烃后就地存储；致密砂岩油气存在一定程度的二次运移，但渗滤扩散作用是油气运移的主要方式，导致油气水分异差，如四川盆地须家河组、鄂尔多斯盆地上古生界大面积含气，气水共存。生产实践证实，致密油气中流体渗流以非达西渗流为主，存在启动压力，需附加驱替力才可使流体开始流动，形成油气生产能力。

（六）聚集作用

连续型油气聚集过程中，区域水动力影响较小，水柱压力与浮力在油气运聚中的作用局限，以扩散作用等非达西渗流为主，浮力作用受限，油气水分异差，但“甜点”区油气运移主要受浮力控制，源内油气主要是滞留聚集，源外油气主要靠渗透扩散。运聚动力为烃源岩排烃压力，受生烃增压、欠压实和构造应力等控制，运聚阻力为毛细管压力，两者耦合控制油气边界或范围，多表现为油、气、水层易共存，呈连续相，分布较复杂，无明显油气水界线，含油气饱和度差异较大。

（七）渗流特征

无自然工业产量，非达西渗流是连续型油气聚集的典型特征之一。以致密砂岩为例，渗流机理受孔渗条件和含水饱和度控制，存在达西流和非达西流双重渗流机理，广泛存在非达西渗流现象，其聚集过程显示出“整体性推进、地毯式运聚”的动力机制。碳酸盐岩连通的缝洞体、致密砂岩中溶蚀相带或裂缝带是油气富集区。因此，连续型油气聚集也存在“甜点”控制下的有利区，是连续油气聚集优先开发的重点。

（八）流体特征

连续型油气分布的特征是大范围弥散式含油气，存在“甜点”和富集区带，油气聚集下部或下倾部位无水，油气水分布复杂，无统一的油气水界限和压力系统。如四川盆地须家河组油气水关系复杂，“气-水-干层”混相共生，存在上水下气、上气下水、纯气层等多种复杂情况，主要是由于须家河组大面积低孔渗平缓砂层中，浮力驱气作用局限，气水关系及其分布受孔渗大小控制。

（九）资源特征

连续型油气聚集区资源丰度较低，储量按单井或井控区块计算。目前可用理论地质资源量、可探明地质资源量和技术可采资源量 3 个级别来评价连续型油气。理论地质资源量是地下客观存在的资源量；可探明地质资源量是企业依照行业规范可发现的油气资源规模；技术可采资源量是在当前技术条件下能够开采出来的油气资源规模，随技术、市场、政策等的变化，技术与经济可采资源量也将发生变化。

（十）技术方法

连续型油气聚集常规技术难以开采，需针对性技术提高产能，如人工压裂改造增产、加密井网，以及采用多分支井或水平井以提高储量动用率等。连续型油气聚集尤其是连续型天然气聚集，在开采过程中，通常持续产气，压裂后的 3~5 年为一个生产周期，在此周期内产能会逐渐下降，再次压裂后会恢复到原来产能，压裂次数和产能循环可重复多次。连续型气藏在开发过程中，低丰度的游离气、吸附气、自由气不断聚集，使得气可以持续被采出，显示出开采过程中的动态“连续性”特征。

二、非常规油气运聚机制

非常规油气聚集机理与常规油气有明显区别，主要表现在油气运聚动力和阻力、聚集机制等方面。

1. 运聚动力和阻力

按照运移方式和类型，油气运移可分为源内滞留、初次运移、二次运移 3 种。以往通常把源内滞留作为初次运移的组成部分。源内滞留形成的油气聚集，包括泥页岩油、页岩气、油页岩等；初次运移形成的油气聚集，主要是各种与烃源岩直接接触的连续型油气聚集，如致密砂岩油气、致密灰岩油气等；二次运移形成的油气聚集，是指离烃源岩相对较远的油气聚集，如致密油气的油（气）水过渡带以及各种常规油气藏，如岩性地层油气藏、水动力油气藏和构造油气藏。这些不同类型的油气聚集，其运聚动力、阻力和机理明显不同（表 5-2）。

表 5-2　油气运移不同阶段的动力和阻力

类型	作用力类型	油气运移类型			成因
		源内滞留	初次运移	二次运移	
运聚动力	正常压实剩余压力		++		埋藏正常压实
	异常压力		++	++	源储压差
	构造应力		+	++	挤压应力
	渗透作用力		++	++	盐度差
	扩散作用力	+++++	+++	+++	浓度差
	毛细管压力差	+	+++++	++++	毛细管相互作用
	生烃增压	+++++	+++++	+++++	生烃膨胀作用
	水动力			+	压实、重力、倾斜水流等
运聚阻力	分子间吸附力	++	+++++	+++++	分子吸附作用
	毛细管阻力	+	+++++	+++++	毛细管作用

（据邹才能等，2013）

源内滞留形成的油气聚集，其运移动力主要是生烃增压和扩散作用力，运聚方式为差异生烃超压驱动、滞胀-扩散聚集（李明诚，2013）。不同孔喉介质，其运移方式有一定差异，微米级孔喉以体积流方式运聚，纳米级以扩散流运聚方式为主。初次运移形成的油气聚集，其运移动力主要是生烃增压和毛细管压力差，运聚阻力是分子间吸着力和毛细管阻力。初次运移、近源聚集，形成连续型油气聚集，最典型的是北美艾伯塔盆地致密砂岩气。烃源岩中生成的油气，发生初次运移，进入砂体中，在持续不断的生烃膨胀力作用下，生成的气不断排出烃源岩，向砂体中持续推进。进入砂体以后，开始二次运移阶段，砂体含气范围和气柱高度越来越大。

非常规油气单凭浮力无法实现有效运聚。传统石油地质学认为，石油二次运移的主要动力为连续油柱在地层水中产生的浮力和地层水流动产生的水动力。在这几种力（或以一种力为主）的作用下，石油在储层内发生运移、聚集。对于常规储层，这几种力足以驱使石油发生运移。但在以纳米级孔喉占储集空间主体的致密储层中，由于孔喉尺寸过小，其产生的毛细管阻力大，单凭浮力和水动力无法使石油突破喉道进行运移。

生烃增压是连续型油气的主要运聚动力。生烃增压产生的异常高压与烃源岩的围岩性质有关，当围岩为物性较好的储层或疏导层时，异常高压产生之后，很快通过压力传导将生成的烃类向外部疏导层运移，压力也就快速递减；当围岩为致密的储层时，压力向外传导缓慢，导致异常高压。但异常压力高到一定值之后，烃类必将在异常高压的作用下向致密储层注入，异常高压也随之释放。

毛细管压力差是从源岩到储层初次运移的重要动力。源岩与储层的接触界面处，因粒度变化产生的毛细管压力差也是主要的运聚动力之一。烃源岩与致密砂岩一般呈镶嵌接触，烃源岩一侧孔喉曲率半径较小，所产生的毛细管力较大，而砂岩一侧孔喉曲率半径较大，所产生的毛细管力较小，两侧的毛细管压力差指向砂岩，将烃源岩生成的油气以游离相的形式挤入致密砂岩中。毛细管压力差用公式表示为：

$$P_c = 2\sigma\left(\frac{1}{r_{泥}} - \frac{1}{r_{砂}}\right)$$

式中：P_c 为毛细管压力差，Pa；σ 为界面张力，N/m；$r_{泥}$ 为泥岩喉道半径，m。

对处于泥岩与砂岩接触带的游离相油来说，将会受到几个兆帕的毛细管压力差的作用，即几十个大气压的作用，力的方向由泥岩指向砂岩，可以克服水对油的黏滞力和吸附力等阻力。油在毛细管压力差的作用下试图进入砂岩孔隙中，这样将会占据砂岩中与油体积相应大小的孔隙空间。当有一定体积的油进入砂岩时，必然会有相应体积的水进入相邻地层中。一般来说，泥岩与砂岩是水湿，水在泥岩与砂岩接触带两侧的流体势基本相等。游离相油在毛细管压力差的作用下进入砂岩中，必然会对水产生力的作用。随着油不断进入砂岩，相应砂岩中孔隙水不断排出，使得砂岩中聚集的油量越来越多，含油饱和度越来越高，而砂岩中的水相应减少，直到达到束缚水饱和度为止，此时水呈似固结状态，不再与油发生替换。

此外，持续充注是非常规油气聚集的重要条件。烃源岩连续生烃保证了油气聚集过程的持续。煤系烃源岩生气时限长，生气窗 R_o 值范围介于 0.6%~6.0%之间，是典型的生烃过程连续的烃源岩。连续生烃为持续聚集提供了物质基础和前提。页岩油气、煤层气、来自煤系的致密砂岩气等具有明显的“连续性”聚集过程。

2. 聚集机制

油气在非常规储集层（$k \leqslant 0.1$ mD，$\Phi \leqslant 6\%$）中聚集可以形成非常规油气资源，其中最重要的包括致密砂岩油气藏、页岩油气藏、煤层气藏等，它们都具有非浮力的成因机制和空间连续分布的特征。这些都由低渗致密储集层决定。油气在常规与非常规储集层中聚集作用最大不同之处在于：前者表现为浮力差异聚集；后者表现为超压近源聚集和吸附原地聚集。

非常规油气聚集的非浮力机制可以进一步划分为：超压-滞留型与吸附-滞留型两大类。致密砂岩油气属于前一类，而煤层气、页岩油气则属于后一类（李明诚，2010）。

（1）超压-滞留机制

主要包括充注、排替和滞留 3 种作用。

A. 充注作用

油气在超压作用下，当超过启动压力梯度时，就会以低速非达西流方式，首先进入致密储集层孔喉较大的部分，并逐渐向更小的孔喉部位推进，并向上排替其中的孔隙水。在油气充注过程中由于致密储集层的非均质性，往往形成一个不规则的推进前峰和含烃范围（图 5-2）。

B. 排替作用

在充注过程中，同时向上排替孔隙水，由于油、气、水的流度（K/μ）不同，在相同的超压梯度作用下，水最易流动，气次之，油最难，又因为浮力几乎不起作用，油气不可能超前上浮，所以最终就形成了水在上、油气在下的分布状态。只在局部浮力起作用的大孔渗部位或断层、裂缝发育的地带，油气水可呈现上油气下水的常规分布，但在整体上则显现出混杂分布的特征。只有当生烃超压足够强大，可以充注所有孔喉，或致密储集层的非均质性比较低时，才可能形成比较一致的上水下油气的分布状态。

C. 滞留作用

当超压梯度不足以克服向前推进的阻力时（这种情况可能是生烃超压减弱或是油气在推进中能量被消耗，导致超压梯度降低），油气就在致密储集层中停止前进滞留下来，

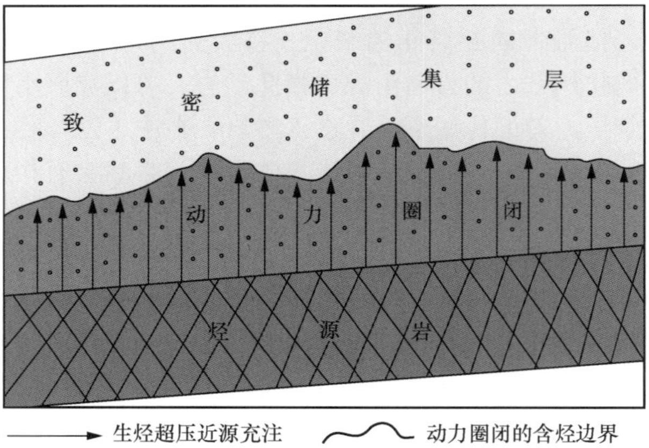

图 5-2　低渗透致密储集层中动力圈闭范围示意图

（据李明诚，2013）

结果形成在三维空间上连续展布具有不规则边缘的油气聚集。其中在构造高点、裂缝发育带或较大孔渗的甜点处，由于充注比较容易而含烃饱和度高，最终往往形成大范围含烃，局部“甜点”富烃成藏的局面。

（2）吸附-滞留机制

主要包括生排烃、吸附和滞留 3 种作用。

A. 生排烃作用

煤层和富含有机质的页岩都是烃源岩，它们在埋藏演化过程中必定要经历生排烃作用，探讨这个问题就是要确定是否有足够的烃类保留下来形成煤层气或页岩油气。一般来说：煤从褐煤到无烟煤演化过程中每吨可产生 142～200m^3 的甲烷，除掉以各种方式散失的甲烷外，尚有约占总量 10%的甲烷被保留下来，若生烃页岩的排烃率平均为 50%，也就是说还有约占总量 50%的烃保留在页岩中。在这一点上，它们与烃源岩的生、排烃原理一样，要求具有一定的厚度、有机质含量和热演化程度，而生成的油气也都是热降解和热裂解的产物，所不同的只是希望能多生烃、尽可能少排出和散失的地质环境和条件。

B. 吸附作用

烃类分子与基质孔隙矿物表面之间的分子吸附力（范德华力）是煤层气和页岩油气层内滞留的主要动力。探讨这个问题就要解决如何能使更多的烃类被吸附而残留下来。这首先要有大量的烃类生成，只有生得多残留下来的也才多，才有可能达到饱和吸附的要求。要满足大量生烃，煤层或生烃页岩的单层厚度最好>30m，且煤岩要是富壳质组和镜质组的中等变质煤阶煤岩，而生烃页岩则需满足有机质丰度 TOC>2%，R_o>1.2%等条件。不容忽视的是，有机质丰度不仅影响生烃量，还会影响烃类的最终吸附量，有机质含量越多吸附烃越多。此外，纳米级（<100nm）的微孔所占比例越大，则孔隙比表面积越大，吸附烃就越多；地层压力越大，饱和吸附量越大。对煤层而言，虽主要含吸附气但也不是埋藏越深越好，一般埋深要<1500m，因为埋藏过深，地层压力越大，煤阶演化过高，微孔变少，孔渗物性和孔容进一步变小，吸附降低并可产生一系列对开发不利的因素。对生烃页岩而言，虽然游离相与吸附烃相并存，但在一定温度、压力条件下，游离相只有在满

足吸附之后才可能产生，而且两者往往处于动态平衡状态，所以对页岩来说也是烃类被吸附得越多，才可能产生更多的游离烃相。

C. 滞留作用

包括吸附力的残留和游离相毛细管阻力的残留。一般是与生、排烃作用同时发生，具有早期就能在层内滞留的特征。对于地质时代古老而埋藏又深的页岩和高煤阶的煤岩，虽然当初就产生有一定数量的吸附烃和一定数量的游离烃，但在之后的地壳活动中，抬升降压可使部分吸附气解吸成游离气，通过扩散和水溶散失；另一方面，沉降升温又可使一部分原油裂解成气，从而补充散失的游离气和吸附气，或促使岩石中的干酪根再次生烃。对煤来说，随着煤阶进一步升高，孔容和渗透率进一步丧失，反而不利于煤层气的工业性开采。在经历地壳多次抬升、沉降后，如果加上断裂、水溶的干扰和破坏，页岩油气和煤层气的滞留程度将变得难以预测，所以仍以晚期发生滞留作用的烃源岩和煤层最为有利。因为只有大量烃类滞留最终才能成藏。

第六章　流体地质作用

沉积盆地内多种流体与其周围的各种介质间发生着不断的相互作用，这些作用与非常规油气的生成、运移、储集及成藏有着密切的关系。本章主要介绍沉积盆地流体活动效应、流体地质作用类型、流体-岩石作用、热液作用等知识点。

第一节　流体活动效应与流体地质作用类型

一、流体活动效应

作为各种成藏成矿作用的媒介，流体活动控制了盆地中的物质演变和能量分配，并且贯穿于一切地质作用（包括构造活动、岩浆作用、变质作用、沉积作用、成岩作用、地质自然灾害等）过程的始终，其对整个系统的贡献主要是通过流体之间以及流体和岩石之间的物理和化学反应来实现。

流体在盆地岩石孔隙中存储和流动，盆地发生的任何地质作用和事件都是盆地流体运移过程中与岩石在温度场、压力场和化学场下相互作用的结果。因此，从流体运移结果的角度可以将流体的活动效应归纳为以下 3 个方面。

（1）热力传导

炽热地幔柱的上涌造成地壳沉降，不仅是沉积盆地形成和演化的重要机制，也为盆地提供了主要的热源。通过热传导和热对流，随着上覆沉积厚度的增加，地层中的温度也增高。在热力作用，泥质岩层中的沉积有机质（干酪根）降解成液态烃（石油）、气态烃（天然气）以及 CO_2 和 H_2O，同时黏土矿物也开始脱去层间水，从而为盆地增添了新生流体。在地层封闭的条件下，这些新生流体与同沉积的孔隙水一起产生水热作用，使流体压力迅速上升，促进了流体特别是油气的运移，为油气藏的形成提供了物质基础和条件。

（2）压力传递

在上覆沉积负荷作用下，沉积发生机械压实，在此过程中压应力不断传递给孔隙中的流体，使其排出而沉积物逐渐压实成岩。随着生烃、脱水和水热作用的发生，孔隙流体形成异常高压，这一方面促使油气的排出，反过来它又支撑岩石颗粒而使地层产生欠压实。当流体压力进一步升高超过岩石最小主应力和抗张强度时，岩石就会发生水力破裂，又为流体的运移提供了通道。但压力的积蓄和释放、通道的张开和闭合，需要等待的时间。这就必然造成在盆地没有发生大的构造变动情况下，流体（特别是油气）的运移是一个具有幕式特征的连续过程。这一过程与盆地构造的幕式运动相辅相成、互为因果，而盆地构造的幕式运动又与地壳深部流体的幕式活动有关。可见，固体地壳中的垂向和侧向压应力在流体中传递，不但引起盆地流体的运移，反过来也可引起固体岩石的形变和构造运动。

（3）物质传输

流体在岩石中运移是岩石矿物传输搬运的过程，也是岩石矿物发生反应、交代、溶解、胶结等各种成岩作用的过程。由于流体的成分和酸碱性的变化，致使岩石中某些组成被溶解，而某些组成又从流体中沉淀出来。其中石英增生和自生矿物的胶结是岩层原生孔隙进一步减小的主要原因，而碳酸盐矿物和长石的溶解又是产生次生孔隙的重要原因。例如，在砂泥岩层系中由于砂岩的抗压性大于泥岩，因此在压实过程中泥岩的流体排入砂岩。如果是生油岩，当其成熟时不仅有各种无机离子还有产生的油气和有机酸排入砂岩，使其中碳酸盐胶结物发生溶解形成次生孔隙，因而改善了砂岩的物性成为可能的油气储层。而泥质地层则变得很致密成为封隔层，使流体的流动受阻，形成异常高压流体封闭体系。而具有异常高压的流体，由于减缓压实作用又可在一定程度上改善深层的储集性。可见，油气是盆地流体传输的重要成矿物质。油气的排出、运移和油气藏的形成是盆地流体最重要的成矿作用，也是盆地流体综合作用的结果。

二、流体地质作用类型

从油气的角度出发，含油气系统中的流体地质作用按照参加反应的物质端元可分为：流体自身作用、流体–流体作用和流体–岩石作用（表6–1）。

表6–1　含油气系统中流体地质作用类型及作用机制

流体地质作用类型			作用机制
流体自身作用	扩散作用		由于浓度差异而引起烃类分子的迁移
流体–流体作用	分馏作用	扩散分馏作用	油气运移过程中由于扩散系数的差异而引起油气析出
		温压分馏作用	由于温度压力降低而引起油气析出
		气洗分馏作用	气体注入引起石油或气体在其混合物中析出
	生物降解作用		原油在细菌作用下发生代谢分解
	混合作用		不同期次形成的油气在同一储层中发生混合
流体–岩石作用	溶蚀作用		地层中酸类与岩石矿物发生化学反应使之溶蚀
	溶解作用		烃类对源岩或储层中有机质的溶解
	吸附作用		烃类分子在矿物岩石表面张力作用下发生吸附的现象
	延缓作用		地层超压的形成使有机质的成熟时间推迟
	抵制作用		油气的充注阻止了储层中矿物的生长

（一）流体自身作用

扩散作用

扩散作用是指物质分子从高浓度区域向低浓度区域转移直到均匀分布的现象。烃类扩散行为的研究包括两个方面，一是烃类成藏和保存角度，它是烃类初次运移和产出的有效方式，油气通过盖层扩散是油气散失的重要方式；另一个是围绕着烃类的产出过程中的扩散规律开展的，近年来，随着非常规天然气研究的深入，致密储层甲烷分子扩散作用日益受到重视。

（二）流体-流体作用

1. 分馏作用

分馏作用对油气的组分构成有重要的影响，由于诱发机制不同，油气的分馏作用可分为：扩散分馏、温压分馏（又称蒸发分馏或相控分馏）及气洗分馏。扩散分馏是指油气运移过程中由于扩散系数的差异而发生的分馏作用。温压分馏是指当温压条件降低时，在某个位置达到露点或者是泡点，形成饱和天然气的原油或饱和凝析油的天然气的过程。气洗分馏是指由于气体的侵入与油相混合后，最终两者的混合物分馏成液相和气相，也称为“气洗”。随着注入气体的增加，分馏程度加强，气体带走了油中大部分的可溶组分，离开油的气流含一些油中溶解成分，在较低温压条件下反凝析形成低温凝析油，这一气流可以进入圈闭较浅的储层或逸散到体系外。

2. 生物降解作用

生物降解作用是指原油在细菌作用下发生代谢分解的作用。生物降解作用常常造成原油成分发生变化，使原油中饱和烃含量降低，而非烃和沥青质的含量增加，这直接影响了烃类的质量。

3. 混合作用

混合作用是指不同期次形成的油气在储层中发生混合从而表现出综合特征的现象。在构造复杂、油藏类型多样的地区混合作用非常普遍，尤其是后期充注的烃类在与早期的烃类混合后，由于早期充注的油气成藏后可能会受到生物降解和水洗作用的影响，其组成成分、油气性质等会发生很大变化。

（三）流体-岩石作用

1. 溶解作用

包括酸类对岩石矿物的溶蚀作用和烃类对有机质的溶解作用。酸类对岩石矿物的溶蚀作用为含油气系统中不同阶段产生的酸类溶解了岩石矿物中的长石、石英、碳酸盐和硫酸盐等，从而促使了储层次生孔隙的形成。但岩石骨架颗粒的溶解不一定能增加砂岩储层的孔隙度，只有当溶解物被运送到孔隙或孔隙喉道之外，才能有效地提高砂岩的孔隙度。因此，流体-岩石相互作用过程中的流体输入和输出能力控制着砂岩孔隙的发育强度和规模。这为沉积盆地深部次生孔隙发育的判断提供了理论基础。

烃类对有机质的溶解包括两个方面：①油气在烃源岩中发生初次运移时会溶解一部分有机质，这不仅使烃源岩的生烃能力降低，而且影响了原油的性质。②油气在运移过程中，会溶解运移通道中的有机物质，这种现象被称为烃类污染作用，也被称为浸析作用或增溶作用。这种现象在世界上许多国家和地区普遍存在（如澳大利亚、亚洲、非洲、北美洲等）。通常烃类的污染强度随原油与运移通道中有机质接触时间的增加而增加。Curiale 等（1998）认为石蜡等脂肪质烃类的存在是判定烃类污染作用的最有效方法，因为这些化合物在烃类生成的温度下是非常不稳定的。虽然烃类污染作用给油源对比带来了很大的困难，但对其进行深入的研究可以重建油气的运移历史，确定油气的运移路径和运移时间。

2. 吸附作用

吸附作用是烃类组分在生成运移过程中，被吸附在固体有机质或矿物表面的作用，可用吸附状态方程和吸附等温线来表达。煤系烃源岩中显微组分对烃类吸附的定量计算应考虑显微孔隙的大小、分布、连通性、烃类的膨胀率、不同成熟度下显微组分孔隙壁的极性等多参数的影响。而储层岩石矿物对烃类的吸附作用与岩石的孔隙结构、表面粗糙度、烃类的性质以及温度、压力等因素相关。因此，烃源岩和储集岩对烃类吸附作用的定量预测是石油地质学发展的一个重要方向。

3. 延缓及抑制作用

含油气系统中存在一种抑制作用，即石油充注对储层成岩矿物生长的抑制作用。20世纪90年代初，Nedkvitne提出石油的聚集并不一定会使储层成岩作用完全终止，但会有不同程度的影响。石油的充注将限制地层水的流动，使地层水的pH降低，从而抑制白云石和方解石等胶结物的生长；同时，油气的充注将改变成岩环境，使黏土矿物的生长受到抑制；此外，油气的充注对石英的生长也有一定的抑制作用。这种抑制作用是利用成岩矿物定量分析成藏期的理论基础。

含油气系统中存在的另一种抑制作用是地层超压会延缓有机质的成熟，使液态烃存在的深度加大。但不同条件下，超压对有机质的作用不同，也就是说，不是所有的超压都会抑制有机质的成熟。郝芳等通过对不同压力系统有机质热演化的综合对比分析，识别出超压抑制有机质热演化的4个层次。认为超压对有机质热演化的抑制程度和层次取决于两个方面：超压条件下有机质热演化反应的体积膨胀效应和产物浓度变化速率；超压的发育演化特征，包括超压的强度和持续时间、增压介质的构成及化学效应等。

第二节　流体-岩石作用

一、陆相湖盆流-岩反应的成岩系列

按陆相湖盆流体水介质性质不同及其与成岩物质（砂岩类型）反应结果，划分了3种成岩模式：淡水-半咸水湖盆储集层的成岩模式；酸性水介质湖盆储集层的成岩模式；碱性水介质湖盆储集层的成岩模式。

3种水介质流体成岩模式表明：①不同水介质流体的成岩作用类型有所不同，有的以压实为主，有的以胶结为主；②发育的自生矿物、造成次生孔隙的溶解物质以及影响物性的主要因素有所不同；③黏土矿物的成分和演化也有不同之处（表6-2）。

表6-2　不同水介质湖盆储集层的成岩特征比较

不同水介质盆地	淡水-半咸水盆地	盐湖盆地	含煤盆地
岩石	东部裂谷盆地多以长石砂岩为主	粒度较细，多为粉砂岩、细砂岩	西部地区侏罗系多为岩屑砂岩，石炭系有石英砂岩
早成岩期水介质	弱酸—弱碱	碱性	酸性
早成岩期胶结物	泥晶和亮晶方解石	大量碳酸盐和硫酸盐类胶结物	较少，有泥晶菱铁矿

续表

不同水介质盆地	淡水-半咸水盆地	盐湖盆地	含煤盆地
影响物性的主要因素	早期成岩作用弱，物性较好	胶结作用是减少孔隙的主要因素	机械压实作用是减少孔隙的主要因素
中成岩期发育的主要自生矿物	石英加大，自生高岭石，铁白云石	铁白云石、硬石膏、方解石	石英加大，自生高岭石
黏土矿物	蒙皂石、I/S 混层、高岭石、伊利石、绿泥石	蒙皂石向伊利石转化快，不受温度影响，与富钾水介质有关	以高岭石占优势，有蒙皂石、I/S 混层，伊利石，绿泥石等
次生孔隙成因	方解石及颗粒的溶解	方解石、方沸石的溶解	长石等铝硅酸盐溶蚀明显，伴随方解石溶解

（据应凤祥等，2004）

二、次生孔隙成因与成岩流体

含油气盆地次生孔隙的成因与以下几种成岩流体有关。

1. 有机酸和二氧化碳酸性水的溶解作用

有机质脱羧是产生有机酸酸性流体的重要机理之一，但不同有机质包括干酪根、煤及其组分、沥青和重质油均可产生有机酸。

（1）干酪根和煤

在早成岩期煤中有较高浓度的有机酸产生，这主要因为煤在成岩早期常有大量原生腐殖酸产生。也是含煤地层在成岩早期常缺乏碳酸盐胶结物的重要原因，从而导致压实作用增强和原生孔隙的大量损失，是使含煤地层储集层物性变差的重要原因。在中成岩 A_1 阶段有机酸浓度最高，因这时处于大量脱羧时期，所以有较多有机酸产生，到中成岩 A_2 阶段有机酸浓度趋于下降，这与干酪根中有机酸的分布规律相一致。此外，煤中各显微组分的产有机酸能力各有不同。孢子体在早成岩阶段可有较多的有机酸产生，这与显微组分中生烃期最早的成烃热演化规律相一致。进入中成岩 A 期以后，孢子体产有机酸能力减弱，而镜质体、丝质体和角质体产有机酸能力增强，所以煤的各显微组分对有机酸的产生又有贡献。

（2）沥青和重油

如在松辽盆地北部西斜坡稠油区地层水中测得脂肪酸含量一般为 10～20mg/L，平均为 30mg/L，田吉兹油田田 8 井（位于滨里海盆地）含沥青灰岩测得的有机酸含量为 23.4～63.9mg/g，胜利油田 3－5－11 井的含重质油的砂岩中测得的有机酸含量为 30.2mg/g。

（3）有机酸分布特点

干酪根中存在脂族基团、含氧基团以及芳香基团 3 种主要原子团，在成岩过程中它们的演化具有明显的阶段性。由有机酸的浓度与含氧基团及 O/C 比值的演化可知，它们之间具明显的相关性，表现在含氧基团处于明显脱氧过程这一阶段时，O/C 比值也明显下降，而有机酸浓度这时最大。说明当含氧基团在热演化过程中大量从干酪根周围的结构键上断裂下来时，有较多有机酸的产生，次生孔隙也往往在这时开始发育。

有机酸除了由于干酪根在热演化过程中产生以外，在含重质油或沥青的岩石和煤中，也可由水热降解法测得有机酸，并可在这些岩石中观察到碳酸盐岩石以及砂岩中的颗粒有极明显的溶蚀现象，尤其在煤中测得的有机酸浓度要比同重量的泥岩测得的有机酸浓度高很多，这对含煤地层中次生孔隙的产生具有一定的有利条件。根据对部分油田的油田水干酪根中有机酸的研究结果，认为有机酸分布有以下特点：

1）温度在 80~120℃时有机酸浓度最大。

2）有机酸的高浓度分布段与蒙皂石经 I/S 无序混层向部分有序混层转化时的时间和温度相吻合。

在渐进埋藏成岩作用过程中，蒙皂石经 I/S 无序混层向部分有序、有序转化，直至完全演变为伊利石，而有机酸的最度浓度带（不论是油田水或是干酪根中的有机酸）常与部分有序混层出现的时间相一致，这是因为 I/S 无序混层向部分有序混层转化的温度为 80~90℃，部分有序混层向有序混层转化的温度为 95~110℃，这一温度范围与有机酸浓度最高的温度区间是一致的（图 6-1）。

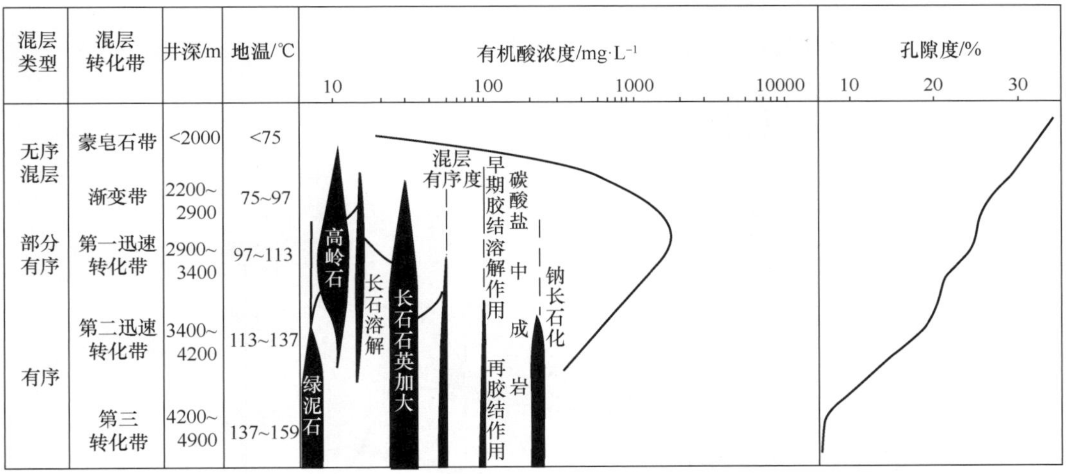

图 6-1　冀东油田古近系-新近系油田水中有机酸分布与温度、自生矿物及次生孔隙分布关系
（据应凤祥等，2004）

3）有机酸高浓度带与次生孔隙产生带相吻合。

4）有机质处于低成熟阶段，成岩阶段属于中成岩 A_1 亚期时，有机酸浓度最高。

根据辽河等各地区干酪根的有机酸分析以及南堡凹陷和塔里木盆地轮南地区油田水中的有机酸分析表明，有机酸的高浓度带常位于或临近于中成岩 A_1 亚期的有机质低成熟阶段，干酪根的镜质组反射率一般在 0.5%~0.7%，热解色谱的最大热解峰温度一般在432~440℃之间，孢粉的热变指数（TAI）约为 2.5~2.7。

5）有机酸的分布与有机、无机的成岩反应关系密切。

中成岩 A 期的溶解作用带，显然与有机酸的分布密切相关，因为这时溶解现象最普遍，次生孔隙最发育，有各种矿物（如长石、火山岩屑等颗粒和碳酸盐，沸石类等胶结物）的溶解以及某些自生矿物的析出和交代现象，如石英次生加大、高岭石以及自生伊利石和绿泥石的发育，还有含铁碳酸盐的再胶结作用，特别是铁白云石的出现和普遍分布。这些自生矿物有规律地出现和分布，显然与有机、无机成岩反应过程有密切关系。

6）有机酸高浓度带与油田水高矿化度带相一致。

当储集层处于中成岩 A 期时，这时地层水的水动力系统由早成岩期开启性地表水强烈交替带并经缓慢交替带而到中成岩期转变为封闭性的阻滞交替带，并由静压系统而变为地压系统，因而可有异常高压的出现，由于地层水处于交替阻滞带，水与岩石之间的反应明显，使油田水中的矿化度也相应增高。

2. 不整合面下地表水淋滤作用

表生作用下由地表水与岩石反应形成的次生孔隙，在我国含油气盆地中常有所见，如辽河东部凹陷牛青地区（图 6-2）、塔里木盆地东河塘地区、库车坳陷东部地区明南 1 井。不整合面下的表生淋滤作用，除改善物性外，有的还可见到以下特征：

1）水的矿化度降低及水型有变化。

2）出现异常孔隙带，由于溶解作用使孔隙度增高。

3）高岭石含量较高，有时可见向地开石转化。

4）有的见火山物质转化为蒙皂石，有的呈孔隙衬垫状分布。

5）有的可见氧化铁，呈薄膜状或孔隙衬垫状分布。

6）表生作用下碳酸盐胶结物的同位素也有差别。

7）见硬石膏的石膏化。

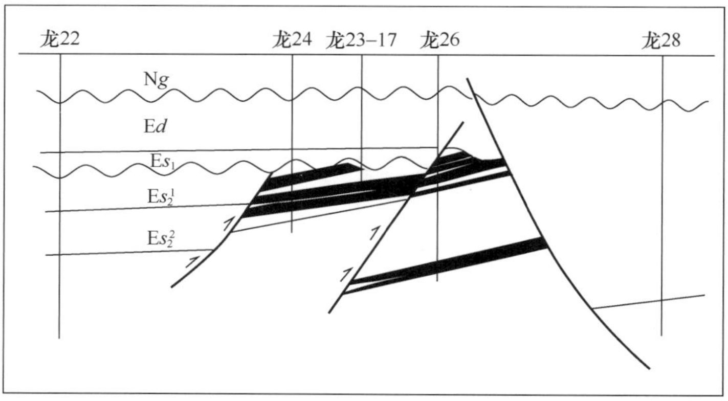

图 6-2　辽河东部凹陷牛青地区不整合面下油藏分布
（据应凤祥等，2004）

3. 热化学硫酸盐还原作用产生的有机酸的溶解作用

由深部热化学硫酸盐还原作用产生的有机酸的溶解作用，反应式为：

$$SO_4^{2-}+烃+H_2O \longrightarrow H_2S+S+沥青+有机酸+HCO_3^-+热\ (>100℃)$$

这种反应常出现在含硬石膏及有烃的储集层中，如塔里木盆地东河塘地区的东河砂岩中，次生孔隙成因就与这一反应机理有关。

4. 地层水热循环对流产生的溶解作用

在盆地斜坡带且厚度大、连通好的储集层中，由于热流体活动或火山岩体局部侵入导致温度变化，从而产生热对流，引起溶解和胶结作用。

5. 断裂带地层水和地表水混合对流引起的溶解作用

断裂带流体流动方式可能有以下 3 种：

1）深部流体与地表水混合或对流；

2）破裂时深部压力释放产生的压力差；

3）高压的泄漏。

断裂带附近由于断层的存在，为流体的流动提供了通道，也因流-岩反应的溶解作用增加了油气储集层的储集空间，使有的井具有较高油气产量。

三、无机成因的二氧化碳酸性水的溶解作用

来自深部流体的溶解作用，如莺歌海盆地随泥底辟来自深部的高温高压流体，特别是由二氧化碳形成的酸性水，它对上部储集层产生的溶解作用，因而形成和发育了次生孔隙。此外由无机矿物之间相互反应也可产生二氧化碳而产生溶解。

总之，由我国油气储集层次生孔隙成因研究表明，有机质脱羧产生的有机酸和二氧化碳酸性水是次生孔隙主要形成机理，这类次生孔隙分布在中成岩阶段 A 期，且很普遍，也是各油田主要产油层段。在深部分布在中成岩阶段 A_2—B 期的储集层中，断裂带附近的流体因压力、温度的变化和流体混合及性质的改变，以及因地表水的深入而产生的溶解，这类次生孔隙在深部储集层中也常有所见，它在相对致密的储集层中，出现物性相对较好的层段，且有较高产能。此外，在石膏、硬石膏发育的地区，在深部地层中存在热化学硫酸盐还原作用而产生的有机酸，也有利于次生孔隙的产生。不整合面下表生作用对物性的改善在我国储集层中也较普遍，尤其是沉积间断年代长的地层间更为明显。

第三节　热液作用

一、热液成因

热液，或称为热液流体，Stearns 等（1935）认为至少存在高于周围环境 5~10℃“有效”温度差，才能称之为“热液”或热流体（hydrothermal fluid）；White（1957）则主张“温度略微高于周围环境（5℃或更高）的水或液体”均可称之为“热液”或热流体。根据以上定义，热液作用并不需要有固定的温度范围，只要流体温度高于地层的埋藏环境温度就可以发生热液作用，对于流体的来源也未作确切的限定。“热液”是地下热异常存在的证据，通常需要有流体流动的机理或通道系统，断层作用和（或）裂缝作用是最常见的联动因素（Davies et al.，2006）。热液作用是形成固体矿床的最重要机制，而在沉积盆地中，热流体作用对烃源岩的生烃、储层改造、圈闭的形成、油气运聚成藏都会起到重要影响。

热液类型包括岩浆成因热液、变质成因热液、建造水热液、大气水热液和卤热水和地幔初生水热液。岩浆成因热液是岩浆结晶过程中从岩浆中释放出来的热水溶液，最初是岩浆体系的重要组成部分，含 H_2S、HCl、HF、SO_2、CO、CO_2、H_2、N_2 等挥发组分，具有很强的形成金属络合物并使其迁移活动的能力。这些“热液”渗入岩体或围岩裂隙中继续冷却，对其改造，其金属矿物释出、结晶、沉淀。通过交代作用和充填作用形成岩石蚀

变和矿脉。变质成因热液是岩石在进化变质作用过程中释放出来的热水溶液。岩石进行变质作用时，伴随矿物的脱水反应，脱水变质的强度成正比，变质成因热液也具有很强的溶解迁移金属络合物的能力。有的热液矿床主要是在变质水参与下形成的。建造水热液是沉积物沉积时含在沉积物中的水，因此又称封存水，再沉积物固结成岩过程由于深埋作用及其他成岩反应被加热形成热液。建造水广泛见于油田勘测过程中。有的低温前行矿床主要与建造水构成的热液活动有关。大气水热液包含雨水，湖水，海水，河水，冰川水，和浅部地下水下渗至深部被加热形成热液。加热的大气水广泛参与热液体成矿作用。在岩浆流体成矿系统中早期成矿以岩浆流体为主，但中晚期常有不同比例的大气水混入。热卤水产生的机制分为两类：①当含有盐类沉积的海相、潟湖相、海陆交互相或陆相沉积物在埋深过程中，受地热和压力的影响，使其中各种形式的水和盐分释放而形成热卤水；②由下渗的海水在地热异常区被加热而形成。由于热卤水具有十分活泼的化学性质，在与围岩反应过程中可强烈淋取岩石中的成矿元素，并将石膏或硫酸根离子还原成硫离子。热卤水对于铁、铜和多金属块状硫化物矿床的形成具重要意义，如现代红海裂谷的深渊、大西洋、印度洋洋中脊、东太平洋海隆等热卤水正在发生重要成矿作用以及美国索尔顿湖，土库曼斯坦里海切列肯等地也在发生的这类成矿作用。地幔初生水热液是地幔源挥发分流体，其最初来源可以是核幔脱气，也可以使大洋岩石圈俯冲到上地幔中脱气，是在地幔中形成的一种高密度的超临界流体。挥发成分以水和二氧化碳为主。

一般认为地质历史中的热液沉积成矿作用主要发生在具有热流升高的拉张的构造环境中（Davies et al.，2006），具体构造背景则主要为受裂谷控制的克拉通内部及其边缘沉降盆地或拉张的裂谷地堑和大陆边缘或拗拉槽裂谷中，而边缘裂谷比洋底裂谷更加有利于热水沉积成矿的发生（王涛等，2004）。高的热对流异常可能主要沿深大扭张（走滑）基底断裂处发生，断裂系统提供了热流体通道。

二、热液对碳酸盐岩作用

（一）热液白云岩化

盆地内热流体对碳酸盐岩储层的改造作用是油气勘探领域研究的一个热点问题，热流体通过溶蚀和交代从而改变储层的岩石组分或孔渗结构进而改善其储集性能。在北美地区，热液白云岩储层已经经历了一个多世纪的勘探研究，在最近20多年来愈来愈受到油气地质学家的注意，热液白云岩成因模式取得了较大的进展，其定义为富镁热液（特别是卤水）在温度和压力升高的埋藏条件下沿着拉张断层或转换断层或断裂系统上升，碰到渗透性差的隔挡层后侧向侵入到渗透性好的围岩中形成的白云石化作用（Davies et al.，2006）。由定义可知，热液作用主要受断层控制；断层为导致灰岩发生角砾化、淋滤和白云石化的超压热液流体提供了运移通道。导致这些断层形成的构造活动多发生在深埋成岩作用阶段，在该作用阶段，由于先期存在的基底断层的重新活化或由于活跃的构造背景导致热液疏导体系的形成，并将热流体向上疏导到较浅的部位，因此，热液白云石化模式的本质是深部的热液流体沿着深部断裂运移至浅层灰岩中，由于灰岩上部致密岩层的阻隔而侧向运移，使灰岩发生白云石化。热液白云石化作用形成的白云岩通常或沿拉张断层和走滑断层发育，或发育在这些断层的周围。构造热液白云石化作用形成的白云岩是油气的最有利储集体。

热液成因的白云岩储层在许多盆地的不同层系都形成了油气田，例如西加拿大盆地内的泥盆系和密西西比系、加拿大东部和美国东北部的密歇根和阿巴拉契亚盆地的奥陶系（局部为志留系和泥盆系）、西班牙陆上和海域的白垩系等。在波斯湾地区的二叠系—三叠系和侏罗系—白垩系中，现已发现全球最大的油田（沙特阿拉伯的盖瓦尔油田）和全球最大的气田（波斯湾诺斯气田）均存在构造控制热液作用的影响因素（Davies et al., 2006）。在我国塔里木盆地下古生界碳酸盐岩、四川盆地震旦系灯影组碳酸盐岩、西昌盆地志留系也都存在明显的热液溶蚀改造作用（金之钧，2006）。越来越多的新发现表明，全球范围内很多盆地碳酸盐岩储层为热液成因或曾经受过热液改造作用，故热液成因或曾经受过热液改造的碳酸盐岩储层具有巨大勘探前景。

（二）白云岩热液重结晶作用

重结晶作用又可成为变质重结晶作用，在结晶学中有两种含义：①已形成的晶体，由于物理化学条件的变化，部分地熔融或溶解而转入母液，然后又重新成长；②已形成的晶体，由于温度和压力的影响，在固体状态下再次成长，使结晶颗粒由细变粗，如石灰岩变质成大理岩时，方解石晶粒的变粗，也有人将它称为“再结晶作用”。在岩石学中，凡是岩石基本上处于固体状态下，其中有矿物新晶粒形成的作用，都称为重结晶作用或再结晶作用。新形成的晶粒，其化学成分和矿物成分可以与原岩相同，也可以不同；原来的矿物可以是结晶质的，也可以是非晶质的。

（三）热液溶蚀作用

岩浆热液流体含有大量的 CO_2、H_2S 和 SO_2 等挥发性物质，含量可达 4 % 以上，另一种流体就是常见的 H_2O。由于 H_2O 在硅酸盐熔体中的溶解度很高，在地壳深处 H_2O 仅占流体的小部分，直到温度压力较低时，H_2O 才不断出溶成为流体的主要成分。富含 CO_2 的岩浆热液流体沿着断裂、裂缝以及不整合面等运移到碳酸盐岩地层中，会对碳酸盐岩产生一定程度的溶蚀作用。可见，来源于深部的热液流体，在有效溶蚀组分 CO_2、H_2S 和 SO_2 的参与下，以岩浆作用、断裂与不整合为流体生产和运移的主控因素，从而共同组成了热液溶蚀作用的发育模式。

显然，埋藏热液溶蚀流体活动对储层的优化改造有积极的贡献，这主要体现于两个方面：①对远离不整合面的深部储层的溶蚀和增孔作用。盆地深层碳酸盐岩储层内埋藏热液溶蚀流体活动较为广泛，并能够形成规模性的深埋藏优质储层。②不整合面之下古溶洞体系的扩容作用。不整合面附近以下地层中分布的溶洞体系有可能是表生淡水岩溶与深部热液流体共同作用的结果，而断裂体系为二者的运移起到了很重要的疏导作用。

三、热液对碎屑岩作用

热液对碎屑岩作用主要为浅成岩侵位于砂岩后形成的自生矿物或低温变质矿物组合及对物性的改变。由于侵入体规模小，作用时间短，引起的接触变质或热对流成岩作用影响程度和范围有限，接触带附近的物性变差。例如，Summer 等（1995）对以色列南中部 Makhtesh Ramon 的 Inmar 组砂岩的研究表明，侵入体附近的砂岩被改造成石英岩，颗粒之间呈缝合线接触；而远离侵入体的石英颗粒之间则主要为切线接触。远离侵入体砂岩的孔隙度>20%，而在接触带则不到 3%；渗透率也由原来的 2500mD 降至接触带附近的<1mD。

黏土矿物的 XRD 分析表明，侵入体对邻近泥岩和砂岩中的黏土矿物反应未产生影响。距离侵入体的距离小于侵入体厚度处的样品中，I/S 层中的 I 含量未见增加，绿泥石/高岭石比值也未增加（Uysal，2000）。Jennifer 等（2001）对爱尔兰三叠系 Sherwood 砂岩的研究表明，砂岩中皂石、白云母和阳起石的分布及含量因距离侵入接触带远近而明显不同。靠近接触带的“高温”区，阳起石分布普遍；随着远离接触带，白云母出现并逐渐增多，而阳起石渐少；到侵入岩未波及的地方，富含埋藏成岩时的蒙皂石，不见白云母片和阳起石。在分布范围上，和热对流有关的自生矿物的分布范围相对局限。例如，美国 Hartfort 裂谷盆地 Haven 砂岩中与热对流有关的自生矿物（燧石、嵌晶状钠长石、伊利石、绿泥石、纤维状浊沸石、自生石英）集中分布在热对流波及的局限地区。以色列南中部 Makhtesh Ramon 的 Inmar 组砂岩中的新生矿物主要集中在接触带附近 1m 范围内。

岩浆活动对已固结砂岩的改造还表现为当岩脉侵入时可引起附近的瞬时水平温度梯度达 100~1000℃/m，从而对围岩产生热冲击作用。由于骨架颗粒在高温或温度梯度快速变化的情况下可发生差异膨胀，因而，热冲击作用可导致骨架颗粒发生破裂。基性岩浆以及与之相伴生的深部热流体，其化学成分上富含大量的 CO_2、H_2O 等挥发分，当上述热流体注入砂岩储层中时，会发生一系列的化学反应，比如生成碳酸盐矿物，溶蚀、溶解长石、岩屑等骨架碎屑颗粒形成次生孔隙进而改善物性，提高储层的质量。

四、热液对煤层作用

煤的岩浆热变质作用是指由于岩浆侵入煤层，其所携带的大量直接的或派生的热源改变了煤的变质程度的作用。岩浆热变质作用一般可分为区域岩浆热变质作用和接触变质作用。煤的区域岩浆热变质作用是指聚煤坳陷内有岩浆活动，岩浆及其所携带气液体的热量可使地温场增高，形成地热异常带，从而引起煤的变质作用。杨起等（1996）根据岩浆性质、侵入方式、侵入深度、侵入层位、岩体规模以及沉积盖层破碎程度等特点，将煤的区域岩浆热变质作用划分为浅成、中深成和深成 3 种类型。煤的区域变质作用是促成中国出现大量中、高变质烟煤和无烟煤的主要原因，同时也是促成我国存在大量高丰度煤层气区的主要原因。

煤的接触变质作用是指岩浆直接接触或侵入煤层，其所带来的高温、气体、液体和压力促使煤发生变质的作用。岩浆常形成体积不大的岩脉、岩墙和岩床等浅成岩体，通常接触带上热耗散快、温度变化迅速，所以这种变质作用影响范围十分有限，仅分布于岩体周边接触带。虽然接触变质作用的影响范围有限，但由于其所反映的地质界限和现象都比较清楚和直观，因此常作为研究岩浆热变质作用的主要手段。

岩浆侵入煤层后，一方面岩浆热使得煤的物质组成和结构发生变化，煤中的大量挥发份物质排出，因此可能在煤中留下一些气孔，同时岩浆热使得煤级增高，也改变了煤的孔隙大小和孔隙结构；另一方面，岩浆岩体周围，由侵入的高温到冷却过程中会在煤层和岩体周围形成大量的次生裂隙，这些次生裂隙为改善煤储层的渗流性能提供了良好的条件。岩浆侵入带来的岩浆热使得煤级增高，一方面煤中大量挥发份气体排出，大量的爆炸状气孔形成；另一方面在特定方向上可能因为压力或能量的积聚将形成的气孔连通，并进而扩展成裂隙，这种现象在扫描电镜下很容易发现。

地下岩浆侵入到煤系地层及其附近地层的过程中，除了本身带来大量的热量和岩浆热液外，还可使围岩产生变质并使其中的地下水循环，形成“变质热液”和“地下热卤水”等。一方面，这些直接的和派生的热源与煤系地层或与煤层直接接触，将改变煤层的结构构造，影响煤的煤变质程度、煤质等。另一方面，岩浆活动将使煤生成大量的热成因气，将改变煤层气的储集系统，同时引起煤层气的运移和在部分地区富集等。目前世界上煤层气商业化开发的诸多盆地均受到了岩浆热变质的影响，如美国的圣胡安盆地、皮申斯盆地、拉顿盆地，澳大利亚的冈纳大盆地，以及我国的沁水盆地、阜新盆地等。在圣胡安盆地，煤的岩浆热变质作用使得大量的热成因煤层气在北部富集，形成了著名的北部煤层气高产走廊带（Ayers，2002）；在拉顿盆地北部，古近系-新近系的岩床和岩墙侵入，使煤的煤级升高，同时生成大量的煤层气（Cooper et al.，2007）；在澳大利亚新南威尔士的冈纳大盆地，岩床侵入对煤层气产生和开发都产生了显著的影响（Gurba et al.，2001）。我国华北含煤区受燕山期多期次的岩浆侵入热事件导致煤层大范围二次生气，形成了整个华北上古生界高丰度煤层气富集带，同时也在局部地区改善了储层孔-裂隙系统和渗透性，形成了部分高产煤层气储层。

第七章 流体示踪技术

与非常规油气资源相关的各种流体具有成因多元性、成分复杂性及动态变化性等特点，对其活动轨迹的深入研究需借助多种手段综合进行。本章主要介绍流体包裹体示踪、地层水化学示踪、有机地球化学示踪及其他示踪技术的原理和应用方法。

第一节 流体包裹体示踪

一、流体包裹体的形成

自19世纪中叶Sorby等在石英和黄玉等矿物中发现了各种形态的包裹体以来，人们对它进行了深入细致地研究，使矿物中流体包裹体有了较为全面和科学的定义。流体包裹体是成岩成矿流体（气液的流体或硅酸盐熔融体）在矿物结晶生长过程中，被包裹在矿物晶格缺陷或穴窝中的、至今尚在主矿物中封存并与主矿物有着相的界限的那一部分物质。

在一个矿物晶体完整的结晶过程中，任何阻碍或抵制晶体生长的因素都可造成晶体生长缺陷（图7-1），从而形成包裹体。

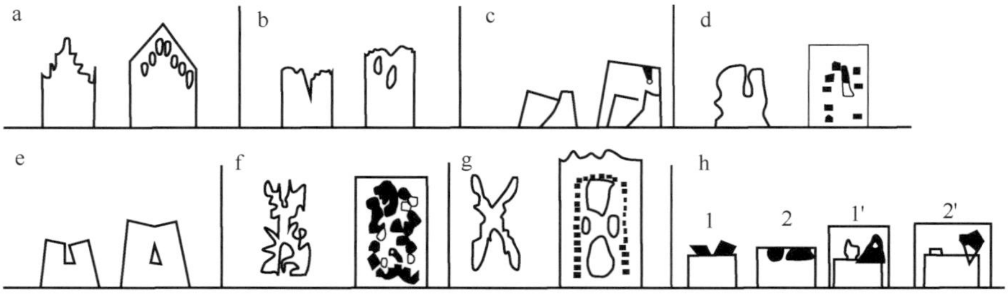

图7-1 原生包裹体的形成机理

（据Roedder，1984）

a. 致密晶层覆盖了枝蔓状快速生长层，形成层状包裹体群；b. 在各生长螺旋之间或生长螺旋中心捕获的包裹体；c. 晶面裂纹，导致晶体的不良生长，形成包裹体；d. 晶体部分溶（熔）解，产生蚀坑和弯曲晶面，因晶体的再生，捕获包裹体；e. 晶体结构单元的亚平行生长，捕获的包裹体；f. 因温度降低，岩浆对某相呈过饱和状态，但未能成核，当最后出现晶核时，则生长迅速，并形成骨架状或树枝状微晶，直至过饱和程度降低形成致密层，包围了它，形成包裹体；g. 晶体隅角和晶棱快速生长，形成凹坑，可以捕获大包裹体；h. 固体碎屑落在生长着的晶面上，固体碎屑或被包裹，或被推向生长前缘，因此形成包裹体。1 和 1′为固体质点被生长着的晶面掩埋而形成的包裹体；2 和 2′为在固体质点被推移的轨迹上形成的包裹体。次生包裹体与原生包裹体的形成机制是一样的。

二、油气包裹体的分类

由于油气包裹体是盆地中烃源岩成岩演化过程中生烃、运移与在储层中聚集和成藏演化阶段被矿物捕获的烃类包裹体。油气包裹体的分类既要体现不同成岩阶段生烃有机质由低到高的演化阶段的产物，又要与油气形成后的演变结果一致。参照油气的一般分类原则与油气包裹体的物理化学特征，油气包裹体的分类包括以下几种（表 7-1）：

表 7-1　油气包裹体分类

分类方案	油气包裹体类型	说明
按碳氢化合物物理相态分类	液烃包裹体	由气、液态烃组成，有时还含盐水
	含沥青液烃包裹体	由液态烃和固体沥青组成，有时还含盐水。这种包裹体形成时间相对较早
	气液烃包裹体	由气、液态烃组成，有时还含盐水
	含沥青气液烃包裹体	由液态烃和固体沥青组成，有时还含盐水。这种包裹体形成时间相对较早
	气烃包裹体	由气态烃组成，有时还含盐水
按成岩矿物世代分类	第 1 世代油气包裹体	与第 1 世代成岩矿物同期，包含按碳氢化合物物理相态分类中的一种类型，或其中多种类型油气包裹体组合
	第 2 世代油气包裹体	与第 2 世代成岩矿物同期，包含按碳氢化合物物理相态分类中的一种类型，或其中多种类型油气包裹体组合
	⋮	⋮
	第 n 世代油气包裹体	与第 n 世代成岩矿物同期，包含按碳氢化合物物理相态分类中的一种类型，或其中多种类型油气包裹体组合
按油气成分和成熟度分类	重（稠）油包裹体	包裹体中液烃成（黑）褐色、黄褐色、褐黄色、深黄色，从无荧光显示到显示（暗）褐色、黄褐色到黄色荧光（UV 激光）；包裹体组合以液烃包裹体为主，其次为气液烃包裹体，或可见个别气烃包裹体
	中质油包裹体	包裹体中液烃成黄色、棕黄色、浅黄色，显示浅黄色、亮黄色荧光（UV 激光）；包裹体组合以气液烃包裹体为主，其次为少量气液烃包裹体
	轻质油包裹体	包裹体中液烃成淡黄色、透明无色，显示黄绿色、蓝绿色荧光（UV 激光）；包裹体组合以气液烃包裹体为主，其次为气液烃包裹体
	凝析油包裹体	包裹体中液烃透明无色，包裹体中液烃成蓝色、蓝白色荧光（UV 激光）；油气包裹体组合为气烃、气液烃包裹体
	湿气包裹体	包裹体中液烃透明无色，包裹体中液烃成蓝色荧光（UV 激光）；主要为具备弱荧光显示的气烃包裹体，见少量或个别石油充填度小的气液烃包裹体
	干气包裹体	在透视单偏光镜下，包裹体成灰色；UV 激光时，偶见微弱的荧光显示，普遍无明显的荧光。包裹体组合仅为气烃包裹体

（据刘德汉等，2007）

（一）按碳氢化合物物理相态的分类

1. 液烃包裹体

室温下，包裹体是由液态烃组成，有时还含有独立相态的盐水溶液。这种包裹体一般透光均匀，颜色新鲜，但色泽深、浅取决于包裹体中液烃的沥青和非烃含量以及包裹体的位置。生烃有机质热演化程度高、石油运移过程中色层效应强，则包裹体被捕获时的烃类混合物中沥青、非烃含量低，颜色呈现为淡黄色，甚至是透明无色。在透视单偏光下，随着石油成分成熟度由低到高，包裹体呈（黑）褐色—黄褐色—褐黄色—（浅）黄色—淡黄色—透明无色变化；在UV（紫外光）激发下，显示暗褐色、褐色、黄褐色、黄色、浅褐色、黄白色、黄绿色、蓝白色、蓝色的荧光。

2. 含沥青液烃包裹体

室温下，包裹体由液态烃和固体沥青组成，有时含有独立相态的盐水溶液。这种包裹体被捕获初期的颜色、荧光特征与液烃包裹体特征完全一致，只是由于后期的分异-沉淀作用和一定限度的热裂解作用（因受到包裹体容积的限制，发生热裂解也是有限的）导致包裹体中石油成分不均匀，沥青发生沉淀堆积，碳化固结，在包裹体中产生了不可逆反的物理化学变化。因此，在透视单偏光下，这类包裹体或者呈黑褐、灰褐或灰黑色，或者可以观察到块状或丝状沥青附着于包裹体壁上，并且常常因为包裹体壁上沥青覆盖层的厚薄程度不同，而出现颜色深浅不均和荧光强弱差别明显的现象，在缺乏沥青覆盖之处往住呈现为淡黄色或透明无色，并且显示很强的荧光。

3. 气液烃包裹体

室温下，包裹体由气、液态烃组成，有时还含有独立相的盐水溶液。包裹体中液态烃的颜色、荧光特征与液烃包裹体类同，气烃呈灰色或深灰色。

4. 含沥青气液烃包裹体

室温下，包裹体由油、气和固体沥青等组成，有时还含有独立相态的盐水溶液。这种包裹体被捕获初期的颜色、荧光特征与气液烃包裹体特征完全一致，后期的演化过程与含沥青液烃包裹体相同，只是这种包裹体后期演化的现象更为常见，后期变化结果更为明显，包裹体中烃类的气、液、固三相明显可见，显然是发生了不可逆反的物理化学变化。

5. 气烃包裹体

包裹体由气烃或盐水+气烃组成，在透射单偏光下呈灰色或深灰色。这类包裹体因具有中心厚、边缘薄的特征而具有“透镜”聚光效应，使包裹体的中心部位透光性较强而发亮；在UV激发下不显荧光，或由于包裹体的内边缘仍然覆盖有薄层的液烃（含芳烃）而显示弱（黄色、蓝绿色、蓝色）荧光。

以上分类方案是油气包裹体观测研究的基础。但是，从时空分布和地质应用来说，该方案还不够完整，缺少关于反映样品中油气包裹体发育状况的内容，而且在实际观察研究中往往复杂多变。相态不同的油气包裹体组合，在同一样品不同成岩矿物中有各种不同的情况，这就要求更进一步结合油气包裹体与不同世代主矿物的相互关系进行分类与描述。

（二）按成岩矿物世代分类

石油地质和有机地球化学研究已证明，沉积盆地中成岩与成烃演化是同步进行的。而成岩矿物中的流体包裹体记录了不同阶段油气形成时的温度、压力、流体成分等地球化学信息。因此按照成岩矿物世代关系对油气包裹体进行分类，具有更科学的理论依据和广泛的实际意义。

沉积盆地中的成岩矿物通常具有两个以上的世代关系，根据从早到晚的时间顺序，可以将与相应矿物世代同期的油气包裹体依次分为：

第 1 世代油气包裹体，

第 2 世代油气包裹体，

⋮

第 n 世代油气包裹体。

对于上述分类需要说明的是：①不同世代沉积盆地中发育的油气包裹体世代多少可能是不一样的，即使是在同一盆地内不同埋深、不同构造部位，油气包裹体世代也可能不尽相同；②强调油气包裹体组合，通常包含前述“按碳氢化合物物理相态分类”中一种类型或其中多种类型油气包裹体的组合；③不同世代油气包裹体丰度和包裹体内的油气相比可能不同，需要分别统计、描述；④与相应矿物世代同期的油气包裹体除了包括对应世代成岩矿物中的（原生）油气包裹体以外，还包括与其特征一致，赋存于碎屑矿物和前期成岩矿物中（由于成岩微裂隙或溶蚀成因捕获）的同期（次生）油气包裹体。

在应用包裹体进行油气成藏期次研究中，首先要研究不同的成岩矿物特征、生长世代（次序），如胶结期次、次生加大、缝洞充填情况及其空间展布关系等。针对不同世代矿物进行详细的包裹体鉴别，划分油气包裹体世代，确定油气的成藏期次。

（三）按油气成分和成熟度分类

按油气的成分和成熟度将油气包裹体分为以下 6 种类型：

1. 重（稠）油包裹体

包裹体中除了重烃外，还含有较多的沥青、非烃组分，包裹体内气态烃相从不发育到比较发育，气相中常溶有效多的重烃而显得比较稠，球形度变差。透射单偏光镜下，包裹体中液烃（石油）呈（深）褐色、黄褐色、褐黄色、深黄色；在 UV 激发下，从无荧光显示到显示（暗）褐色、黄褐色及黄色荧光。常见的包裹体组合是液烃包裹体及气液烃包裹体，可见个别气烃包裹体。一般情况下，这种重油是有机质进入生烃门限后，在进入典型成熟油之前的重要标志。此外，近地表油的生物降解或近源供油因素，也可造成油质的稠、重效果。

2. 中质油包裹体

包裹体中除主要为轻-重烃组分外，还含有少部分沥青、非烃组分。包裹体中常见气、液两相共存，纯液烃包裹体极少存在，气相呈灰色，球形度高。在透视单偏光镜下，液烃呈黄色、浅黄色；在 UV 激发下，呈黄色、亮黄色及浅黄色荧光，属典型成熟油气类型。常见的包裹体组合为气液烃包裹体+少部分气烃包裹体。

3. 轻质油包裹体

包裹体中几乎全为轻烃组分。在透视单偏光镜下，包裹体中液烃呈淡黄色时，则含微量的沥青、非烃组分。液烃呈透明无色时，则不含沥青组分，通常只有借助荧光显微镜才能识别此类石油包裹体。在 UV 激发下，显示黄绿色、蓝绿色、蓝白色、蓝色荧光。包裹体组合以气液烃包裹体为主+少部分气烃包裹体。通常情况下，透视单偏光镜下呈淡黄色到透明无色，显示黄绿色到蓝色荧光的油气包裹体是烃源岩有机质热演化由低成熟向高成熟转化的重要标志。此外，轻质油（呈淡黄色的气液烃包裹体）还可能是远源供油运移的色层效应形成的。但是这种情况并不难区分，借助荧光显微镜可以发现这种包裹体仅显示淡黄色、亮黄色、绿色—黄色荧光。

4. 凝析油气包裹体

包裹体中不含沥青，均为轻烃组分。在透视偏光镜下，包裹体中液烃呈透明无色，气相呈灰色。在UV激发下，液烃显示蓝色、蓝白色荧光，属高成熟油气类型。油气包裹体组合为近等量的气液烃包裹体和气烃包裹体。这种包裹体内的油气在地质条件下的主要相态（液或气），可以通过油气包裹体的显微测温进行推断。

5. 湿气包裹体

包裹体中液烃仅是极少量，以气烃为主。液烃呈透明无色，显示蓝色荧光（UV激发），气烃呈灰色。包裹体组合主要为具备弱荧光显示的气烃包裹体，或见少量石油充填度小的气液烃包裹体。

6. 干气包裹体

在透视单偏光线下，包裹体呈灰色。UV激发时，偶尔微弱的荧光显示，普遍无明显的荧光。包裹体组合仅为气烃包裹体，气体主要来源于过成熟有机质或裂解的早期轻质油，或深源气。

在实际观察中，油气包裹体的简单分类可以划分为：重质油包裹体，中质油包裹体，轻质油包裹体，凝析油（气）包裹体，湿气包裹体，干气包裹体，含沥青包裹体与包含油、气、水的不混溶包裹体。样品中油气包裹体可以与水溶液包裹体共存并且共存于不同世代的矿物中。一般石油包裹体的组成用显微镜观察是很难鉴定的。因此，在包裹体岩相学描述中，按石油包裹体组分更精细的分类是不太实用的。

三、流体包裹体研究的基本前提

研究包裹体的根本目的是了解矿物成岩成矿过程中的化学环境和物理化学条件。矿物中保存下来的包裹体是多种多样的，它们记录了矿物生长和（或）演化时的各种条件，具有不同成因意义。从前面的讨论中，我们已经了解到包裹体成因和演化的复杂性，并不是任何包裹体都能提供所需要了解的各种情息。因此必须从复杂多样的包裹体中选择符合研究条件的包裹体。这些条件就是包裹体研究中一般为人接受的3个基本假设或前提，它们是：①均一体系；②封闭体系；③等容体系。

一般认为，只有符合这3个前提的包裹体，其测定结果才是有效的和可靠的。实际上，根据这3个前提来进行包裹体研究时，却遇到了一些不能解决的问题，主要是缺乏可靠的判断来确定包裹体形成时是否为均一体系，包裹体形成后是否为封闭体系和等容体系。

确定包裹体是否为均匀体系时，常用物相的种类和相比作为区分依据。对于气液包裹体来说，在一组同时形成的或成因相同的包裹体中，如果物相的种类和相比是相同或相近的，就有把握假设捕获的是均匀流体。

区分包裹体是从均匀体系捕获还是从非均匀体系中捕获，是解释包裹体测温资料的前提。对于从非均匀体系中捕获的包裹体，解释其测温资料会遇到困难，甚至会发生错误，但这种包裹体有时可用作地质压力测定。

关于包裹体形成后，其中的物质有没有渗入或漏失的现象，Roedder（1984）认为，除了碎裂和变形的岩石以外，渗漏的情况并不多见，渗漏在很大程度上取决于包裹体周围有无微裂隙的存在。在变质岩石中，由于自然爆裂，包裹体中的物质可以全部漏失，或者局部爆裂后包裹体流体进入裂隙，形成卫星状次生包裹体，这些现象的出现是包裹体发生过漏失的有力证据。但是一些微裂隙在显微镜下是难以观察到的，例如在磨制薄片时，样品受力而产生的微裂隙就难于分辨。外部物质进入包裹体也是以微裂隙为通道，当流体包裹体的内压低于外压时，外部物质也可能渗入包裹体，改变包裹体原来的成分。

大包裹体通过“卡脖子”而形成几个小包裹体是包裹体形成后其物质和相态发生改变的一种特殊情况。当“卡脖子”发生在大包裹体中的气泡出现之后，那么由“卡脖子”而形成的几个小包裹体具有不同的相比。捕获有气泡的小包裹体比原来的大包裹体具有更高的均一温度，甚至高于形成温度，其他未捕获气泡的小包裹体虽然随后冷却时会出现一个小气泡，但其均一温度低于原来大包裹体的均一温度。

在包裹体测温学上，一个必要条件是包裹体体积保持恒定。大多数包裹体的体积可以认为是没有变化或变化不大，因此可以选为测温样品。但是有如前节所述的几种作用可使包裹体体积发生永久性变化，这就会影响到测温结果。变质作用、包裹体样品在自然界或实验室所受到的过热作用，都会引起包裹体体积的变化，因此在研究这些包裹体时要特别注意。

总之，随着对包裹体研究的深入发展，对确定符合3个基本前提的包裹体的标志，将会更加明朗起来。对那些不符合3个基本前提的包裹体进行研究，合理解释其测定结果，加深对成岩成矿作用的认识，也是很重要的。

四、流体包裹体分析方法

（一）油气包裹体岩相学

油气包裹体鉴别和岩相学观察描述，是流体包裹体研究和地质应用的基础资料，也是阐明油气生成、运移、聚集和热演化历史的主要依据。通常流体包裹体的岩相学观察，比流体包裹体温度测定等实验工作花费更多的时间和精力。由于油气盆地中流体包裹体的产出和分布有较大的不均匀性、宏观与微观研究都很重要，在地表剖面和钻孔岩心样品的采取工作中，应注意观察挑选易于包含流体包裹体的矿物和岩石样品。例如：选取岩石中包含的石英、方解石、白云石、萤石、石膏等脉石矿物样品；重结晶碳酸盐岩、生物灰岩、白云岩与钻孔岩心的储层砂岩等可能包含流体包裹体的样品。取样中仔细观察样品裂隙、孔隙中是否存在黑色沥青、黄色—黄褐色油斑分布，并详细记录采取样品的层位、岩性等各种地表特征。以上有关记录，对于包裹体的进一步研究和观测结果的地质解释非常重要。油气包裹体的室内鉴别和岩相学观察以透射偏光和落射荧光显微镜为主，在判别含包裹体主矿物形成的世代关系方面也常采用阴极发光显微镜等方法。

1. 油气包裹体光薄片的制备

由于一些油气储层样品含油质和沥青质，可能影响包裹体光薄片的制备。富含油质和沥青质的样品需用氯仿将游离的油质、沥青和胶质洗净。对于比较松散的样品，最好用无荧光胶固结，然后用冷杉胶或石蜡黏片，再用常规流体包裹体光薄片的制备方法磨制。根据样品产出的地质背景，对热成熟度很低或主矿物熔点较低的样品（流体包裹体均一温度<60℃）可用石蜡黏片，黏片中尽量避免产生气泡和形成人工包裹体，以免干扰油气包裹体的观测。此外，为了准确鉴别石油包裹体的荧光特征，需用有机溶剂将黏片的胶清洗干净。据我们的观察经验，有时为了彻底排除制片胶的荧光干扰，还需磨制完全不用胶的光片进行含烃包裹体的综合检测。

常规流体包裹体光薄片磨制的厚度一般为 0.1~1.0mm。石油天然气包裹体光薄片磨制的厚度与样品的透明度和粒度有关。对于透明度高的样品可磨得厚一些，对于透明度低和砂岩粒度细小的样品可以磨薄一些，厚度控制在 0.05~0.07mm 左右。岩心样和地表剖面样垂直层面切割磨制，岩屑样可以用环氧树脂黏结后再磨制砂光薄片。

2. 包裹体显微镜观察

由于油气盆地中分布的石油包裹体不仅组成十分复杂，而且可以在均一体系和非均一体系中捕获，其形态特征与共生组合关系都比较复杂。一般偏光显微镜观察研究的要点如下：

1）广泛观察样品中包含流体包裹体的类型和分布；

2）鉴别含流体包裹体主矿物类型和特征；

3）研究包裹体主矿物的形成世代与包裹体的捕获关系；

4）观察油气包裹体与盐水包裹体类型与共生组合；

5）选择和标定样品中可用于温度测量的流体包裹体的区位；

6）对于偏光显微镜难以鉴别的烃类包裹体样品，进一步用荧光显微镜观测。

（二）油气包裹体显微荧光观察

样品的荧光显微镜观察是鉴别石油包裹体和含烃包裹体的重要手段。地层中石油包裹体和含烃包裹体的荧光性也比较复杂，纯气态烃包裹体一般无荧光，但出于自然界中气态烃包裹体和凝析包裹体不是纯的饱和烃，因此也可能发一些荧光或荧光环。石油包裹体、含水的石油包裹体、气态烃包裹体，以及含烃、含水和固体沥青的多相不混溶包裹体的荧光颜色和荧光强度都有较大差别。储层中石油的成熟度、密度、组成等对透光和荧光颜色都有很大影响。根据原油样品实测结果：密度>0.9 的稠油中沥青质含量透明度低、荧光弱，在透光下为红褐色，在蓝光激发下为暗褐色，在紫外光激发下为弱蓝灰色；密度为 0.86 左右的正常油在透光下为棕红色—红色，在紫外光激发下为黄褐色—黄绿色；密度为 0.82 左右的轻质油在透光下为浅黄色，蓝光激发下为橘黄色，在紫外光激发下为蓝绿色；凝析油在透光下无色，荧光强度很弱，在蓝光激发下为暗绿色，在紫外光激发下为蓝色。由于受不同地区原油组成性质和观测条件影响，密度相似的原油荧光颜色也可能有差别。

（三）流体包裹体均一温度测定

油气盆地中流体包裹体的产出具有以下重要特征：①包裹体的形成温度较低；②流体包裹体往往比较细小；③流体包裹体的组成和相态比较复杂；④储层中广泛存在多种类型的不混溶包裹体等。因此，含油气盆地中流体包裹体的观测方法与实验技术条件与一般矿床地质学和岩石学中流体包裹体的显微测温研究有所不同。石油地质中用于流体包裹体测温的显微镜通常具有荧光系统，以便有效观测发荧光的烃类包裹体和无荧光的盐水包裹体。其次，用于包裹体显微测温的热台温度上限不用很高，但冷台控制系统需更加精确。

油气盆地中流体包裹体的产出形式主要有以下两大体系：第一类是烃源岩和储集岩在成岩演化历程中矿物岩石从均一流体系统中捕获的流体包裹体；第二类包裹体是从各种非均一流体中捕获的不混溶包裹体。前者，可以按照传统流体包裹体均一温度测定原理和方法进行测定。流体包裹体均一温度测定的原理是基于地质历史中，矿物包裹体是捕获于相态均一的流体，并且其后在矿物经历的地质作用中，未明显改变包裹体的体积和包裹体的物质组成的流体包裹体可用于均一温度测定。这类包裹体保存了比较完好的 P、V、T、X 热力学条件。当含流体包裹体的矿物岩石由地下采至地表室温条件下，包裹体中原来均一的流体物质随着温度降低可能出现气相、液相和固相。将含包裹体的样品在热台中加热至某一温度时，包裹体中多相体系变为均一体系，到达包裹体相态均一的温度称为流体包裹体的均一温度。

由于原始包裹体捕获的条件不同，热台中的气-液两相流体包裹体可以由气泡缩小均一成液相，也可由气相增大、液相缩小均一成气相，也可无气相和液相的增大或缩小，而随着温度的增加，气-液两相的界面逐渐消失（由超临界状态捕获），也可见有气、液、液或气、液、固多相包裹体随着温度的增加而均一成单相流体的现象（由过饱和溶液中捕获的包裹体）。

第二类包裹体是从各种非均一流体中捕获的不混溶包裹体。其成因机制，是由于地层中油、气的组成、性质十分复杂，其中部分组成在一定温度、压力条件下可能互溶，当组分或温度、压力改变时，变为部分溶解或完全不溶解状态，特别是在水中的溶解度很低，在油、气、水的运移、充注成藏过程中常常为乳浊状、雾状、分层状等多相态的不均一体系。矿物可以捕获复杂体系中不混溶的多相流体或单相流体。因此，在多相环境中矿物结晶生长在裂隙愈合带中捕获的流体包裹体，以及因矿物表面的亲和性不同、流体组分的表面张力不同而广泛捕获多种组分与气液比不同的多相不混溶包裹体。它们可以包括凝析油、轻质油、重质油、甲烷等有机气和 CO_2、H_2S、N_2 无机成因气以及各种含盐度不同的水等。在广泛捕获不混溶包裹体中，也可能捕获各种端元组分的单相流体包裹体。在室温下，这类包裹体也可能转变为气液两相包裹体。只有挑选一些捕获了端元组分的单相流体包裹体，测定的均一温度才能用以评价和计算流体包裹体捕获时的温度、压力。

（四）流体包裹体盐度测定

油气盆地中流体包裹体的冷冻测定以盐水包裹体为主。为了了解石油包裹体相演化特征等也需进行冷冻测定。盐水包裹体的冷冻测定，是了解包裹体封存原始地质流体类型和盐度重要数据，也是盐水包裹体 PVTX 模拟计算的基本资料。流体包裹体冷冻测定的主要原理是根据低盐度条件下的拉乌尔定律，溶液的冰点下降数值仅仅与溶液中溶解溶质的摩尔浓度成正比，而与溶质的种类和性质无关（范宏瑞，2005）。流体包裹体的冷冻测定包括包裹体的冻结温度（T_f）、初溶温度（T_m）和冰点温度（T_{mice}）。测定结果的换算已有比较系统的流体冰点温度与盐度关系的实验数据。

油气盆地中含甲烷的包裹体冷冻温度很低，目前流体包裹体的冷冻测定，主要用液氮制冷的设备。例如英国 Linkamn 公司的 THMSG600 和 MDSG600 冷-热台，温度范围：-180~+600℃，精度和稳定性为 0.1℃。由于油气盆地中流体包裹体个体普遍较小，观测的难度比均一温度测定大，样品中常常难以测到小包裹体的低共熔温度和冰点温度。包裹体冷冻测定与均一温度测定不同的是，注意防止降温过程中出现冷台中和冷台面的雾化现象（需按冷台说明书中的方法处理）。测定时首先以 15~20℃/min 的快速降温方法，将包裹体快速冻结（色调变暗），然后缓慢回升到室温，观察冻结包裹体开始有液相出现，使冻结晶体表面润湿、增加了晶体的透明度，而突然变亮时的温度作为该盐水包裹体的初熔温度或称低共熔温度。包裹体的初熔温度与体系的组分有关，但由于地层水和油田水组成比较复杂，因此，低共熔温度难以准确判定流体的水型。获得包裹体初熔温度以后，继续升温到-10℃左右时，降低升温速度，以 0.5~1℃/min 左右的升温速度进一步缓慢升温，并注意观察。以包裹体中最后一粒冰融化的温度作为包裹体的冰点温度。温度回升到室温以后，可以再重复测定一次。记录每件包裹体的冰点温度、初熔温度并照相，以便取得比较系统的数据资料。

（五）流体包裹体气液比测定

早期流体包裹体的气液比主要用比较简易的目测法估算。为更可靠测定包裹体的气液比，特别是在 PVT_{sim}的模拟计算中，需用比较精确的石油包裹体的体积气液比数据，包裹体气液比测定受到了广泛重视。比较简便的方法是在显微镜下选择形态比较规则完好的包裹体的图像，用二维图像分析软件计算包裹体的气液比。计算有一定几何形态包裹体的二维图像面积气液比并转化为体积气液比。对于 PVT_{sim}的模拟计算中要求比较精确的体积气液比，需用共聚焦激光扫描显微镜对单个石油包裹体做激光荧光的三维图扫描，对观测结果进行三维图像分析，计算石油包裹体的体积气液比。

（六）油气包裹体组成测定

石油包裹体的组成测定主要包括单个包裹体的显微荧光测定、显微激光拉曼测定、显微红外分析以及石油包裹体群的色谱、色谱-质谱、色谱-质谱-同位素分析、储层砂岩中石油包裹体颗粒荧光分析等。目前，单个石油包裹体的光学测定难以广泛分析石油包裹体的有机组成，单个石油包裹体的激光裂解色谱-质谱分析只能反映石油包裹体裂解后的有机组成。石油包裹体压碎后的色谱-质谱分析虽然可以系统分析石油包裹体的原始组成，但由于单个石油包裹体提取困难，目前一般只能作单期石油包裹体群的色谱、色谱-质谱、色谱-质谱-同位素分析，随着科学技术的发展，石油包裹体的分析技术和方法将不断提高和完善。

第二节　地层水化学示踪

地层水与沉积盆地的演化密切相关，在盆地中存在许多类型的地层水。地层水的成分即使在同一沉积盆地也并不完全相同，特别是随深度不同而差异明显。地层水化学是记录盆地流体活动较为有效和直接的证据，一方面通过地层水化学成分的变化查明沉积物原始沉积水以及后期流体活动或水-岩相互作用的改造程度，另一方面可根据地层水同位素直接判断流体的成因及流体可能运移路径。因此，地层水的成分和同位素特征可提供沉积物原始沉积水以及后期流体活动或流体-岩石相互作用的信息，反过来可判识热流体活动过程。

一、地层水化学成分

古地层水化学条件的重建同样是一个十分复杂的问题，这是因为不同地质发育历史有不同的水文地质条件，从而决定了水化学成分演化的差异性。一般在重建古水化学条件时，可先从判断原始沉积水的可能化学组成入手，进而推断其形成后有可能发生的变化；也可直接根据现代水化学资料去推断古地层水化学组分及其可能经受过的变化。

在地层水的常量组分保持相对不变的情况下，保存条件较好的地层水，其矿化度一般较高；反之，矿化度较低。因此，可以利用地层水的矿化度来粗略判断保存条件。地层水离子组合系数相对于矿化度及水型更具有继承性，能真实地反映地层水的运移、变化及其赋存状态。离子组合系数主要包括钠氯系数（$\gamma Na^+/\gamma Cl^-$）、氯溴系数（$\gamma Cl^-/\gamma Br^+$）、脱硫系数（$\gamma SO_4^{2-}\times 100$）/$\gamma Cl^-$、碳酸盐平衡系数（$\gamma HCO_3^-+\gamma CO_3^{2-}$）/$\gamma Ca^{2+}$和氯镁系数（$\gamma Cl^-/\gamma Mg^{2+}$）。

钠氯系数（$\gamma Na^+/\gamma Cl^-$）是表征地下水变质程度的水文地球化学重要参数之一，Cl^-离子化学性质稳定，很少产生吸附、沉淀和交换反应，而Na^+离子则可能由于吸附、沉淀等化学反应而减少。在地下水埋藏沉积后，钠氯系数一般都趋于降低。因此，利用钠氯系数的大小可判定地下水的变质程度，推测地下水的成因或起源。氯与溴都是卤族元素，物理性质很接近，它们在海水中同时存在，而在一般的淡水中，溴的含量很微弱，所以氯溴系数是海水的特征系数。（$\gamma SO_4^{2-}\times 100$）/$\gamma Cl^-$值为脱硫系数。脱硫系数是反映地下水氧化还原环境的重要指标。在还原环境中，脱硫酸细菌能使SO_4^{2-}还原成H_2S，即使地下水中SO_4^{2-}减少甚至消失，HCO^{3-}也增加，pH增大。该值越小，表示地下水脱硫作用越强，处于还原环境，保存条件好。一般认为在封闭的储油构造中，脱硫酸系数一般都很低。地层水的脱硫系数<3，则保存条件良好：若>3，则认为还原作用不彻底，可能受到地表水的影响或水体活动能力较强。碳酸盐平衡系数（$\gamma HCO^{3-}+\gamma CO_3^{2-}/\gamma Ca^{2+}$）是一个指示油气性质和方向的指标，反映脱碳酸作用强弱的参数。越靠近油气藏，油气性质越轻，其（$\gamma HCO^{3-}+\gamma CO_3^{2-}/\gamma Ca^{2+}$）值越小。地层水中的$\gamma Cl^-/\gamma Mg^{2+}$值为氯镁系数。该值越大表明地层水封闭条件越好，浓缩变质程度越强。

一般用$\gamma Na^+/\gamma Cl^-$、$\gamma Cl^-/\gamma Br^+$系数及水中同位素含量大致去推断古水化学组分及其可能经受的变化。但需要指出的是所取得的资料应和水文地质发育史结合起来使用，否则也会造成片面性。利用$\gamma Na^+/\gamma Cl^-$、$\gamma Cl^-/\gamma Br^+$系数值判断水成因的基础是建立在海水的$\gamma Na^+/\gamma Cl^-$一般为0.87，$\gamma Cl^-/\gamma Br^+$一般为300。海相沉积层中，目前所含的地下水，若其中的$\gamma Na^+/\gamma Cl^->0.87$则有可能是渗透水（现代渗透水、古渗透水）、现代渗透水与沉积水的混合水或受岩石中钠与其他盐类（非氯化物）影响的沉积水。陆相沉积层中，目前所含的地下水，如果$\gamma Na^+/\gamma Cl^->0.87$，且矿化度高，则可能是沉积水或变质的渗透水。不论海相或陆相沉积层中，若其中所含的水的$\gamma Na^+/\gamma Cl^-<0.87$，则均可能是变质的沉积水或高度变质的渗透水。一般认为，地层水封闭越好、越浓缩，变质越深，其$\gamma Na^+/\gamma Cl^-$比值越小，越利于油气保存。海相和陆相地层中的地下水，当$\gamma Cl^-/\gamma Br^+>300$时，都可能是变质的渗透水（现代渗透水、古代渗透水）或受盐岩影响的沉积水。当$\gamma Cl^-/\gamma Br^+<300$

时，则可能都是变质的沉积水或富含从含油层与有机质岩层来的 Br^+ 离子的微变质渗透水。$\gamma Cl^-/\gamma Br^+$ 系数不仅常用于判断深层水（卤水、盐水）的成因，而且可根据 $\gamma Cl^-/\gamma Br^+$ 系数判断海水入侵淡水含水层的范围和程度。

二、地层水中的同位素

1932 年，霍尔利姆利用钙同位素比值的变化对岩石成因进行了研究，标志着稳定同位素地球化学研究的开始。20 世纪 60~70 年代，该技术的发展突飞猛进，已成为油气勘探领域最重要的技术之一。盆地流体研究中涉及的稳定同位素主要有氧、氢、碳、硫、氮。这些元素构成了地质学和生物学体系中的主要成分，可以准确测量而且容易检测。在盆地流体研究中的应用主要集中在示踪分析和环境分析两方面（表 7-2）。

表 7-2　稳定同位素在盆地流体研究中的常规应用

同位素	示踪分析	环境分析
碳	碳酸盐岩，二氧化碳来源	碳酸盐岩研究
氧	地层水来源，水-岩相互作用，包裹体	成岩作用，古地温测量
氢	地层水来源，含水矿物来源	
硫	含硫矿物来源	硫酸岩研究
锶	流体活动研究	生物化石研究

（据解习农等，2006）

（一）流体活动特征分析

流体中稳定同位素是了解地下流体来源与成岩变化的重要途径之一。例如：在陨石水中，δD 和 $\delta^{18}O$ 的含量变化近于 43% 和 5.6%，彼此呈线性相关。大部分淡水同位素也呈广泛而系统的变化，其间的关系表达为：$\delta D = \delta^{18}O + 10‰$。这一规律是水的蒸发浓缩过程造成的。海水中蒸发的水在穿越大陆时，由于连续的蒸发—浓缩循环作用，逐渐变得贫 δD 和 $\delta^{18}O$，这表明在淡水中的重同位素含量会随着地区海拔高度的增加向着高纬度的方向逐渐减少。通过对地层流体中同位素的精确定量分析，可确定流体注入地层的各种边界条件以及各流体之间的混合程度。

（二）地层水成因与演化分析

沉积物在埋藏过程中不同程度地受到流体-岩石相互作用的改造，根据地层水化学特征来重塑地球化学作用过程；根据地层水中溴、锂、硼的浓度变化判断孔隙水的来源或表征铝硅酸盐矿物的溶解程度；根据孔隙水中氢、氧、锶、碳同位素来研究地层水的成因。

（三）储层非均质性研究

采用同位素分析技术来了解储层分割性。主要测定从地层水或储存岩心中蒸发残余水后所沉淀盐类的锶同位素 $^{87}Sr/^{86}Sr$ 组成。因为油层水中锶同位素 $^{87}Sr/^{86}Sr$ 比值在烃类注入期间会迅速地发生变化。该比值是存在于所有地层水中的一项天然示踪指标。在某些情况下，能揭示重要的地层水化学的变化，可以用来作为流体分隔化的标志。

（四）古流体温度及盐度分析

1947 年，Urey 提出通过测定生物碳酸钙壳体与水体之间的氧同位素来确定古水体的温度。其原理是碳酸盐与其平衡的水体发生沉淀时，两者的氧同位素组成会有差别，这种差别是由碳酸盐与水体之间的同位素交换所引起的，而它们同位素组成又是温度的函数。

在淡水注入量少、封闭的环境中，强烈的蒸发作用，使 $\delta^{16}O$ 大量挥发，$\delta^{18}O$ 因挥发性差而浓度增加；同时在这高盐度的湖泊中，生物大大少于淡水湖泊，且死亡后的生物不易被迅速氧化，也造成了湖相环境中 $\delta^{13}C$ 值的增加。故湖相灰岩的 $\delta^{18}O$ 和 $\delta^{13}C$ 能作为评价古盐度的参数。

第三节　有机地球化学示踪

随着有机地球化学的成烃理论和测试技术的迅速发展，尤其是生物标记化合物和碳同位素以及含氮、硫、氧的有机经合物的应用，把油（气）-源、油（气）油（气）对比和油气充注成藏的研究提高到更新的水平和阶段，从而成为研究油气运聚最重要的手段。

一、有机地球化学参数示踪石油初次运移

（一）确定生油岩排油深度和时期

Albrecht 等（1969）对喀麦隆杜阿拉（Douala）地区上白垩统到古新统从 775~4025m 逐层取样，进行含烃量的分析并作出深度剖面（表 7-3）。由于沉积环境基本相同，有机质的成分和性质也基本一致。因此含烃量的变化基本上取决于深度，也就是取决于热演化程度。地层中烃含量，在大量生烃阶段的正常趋势应当是随埋深的增加而增加。然而在 2740m 深度往下烷烃含量突然减少，研究者认为对这一现象最合理的解释就是初次运移的结果。同时，非烃和沥青质也突然减少，说明它们和烷烃是一起运移的。

表 7-3　喀麦隆杜阿拉盆地上白垩统至古新统沥青、烷烃含量-深度剖面

深度/m	总有机碳（非碳酸盐的）/%	总抽提物（沥青）/%	总烷烃/（$\mu g \cdot g^{-1}$）	$\frac{总烷烃}{总有机碳}$
775	0.36	0.082	10	0.0028
910	0.76	0.093	10	0.0013
1200	1.46	0.149	18	0.0012
1500	1.06	0.085	79	0.0075
1875	1.87	0.123	235	0.0126
2170	1.38	0.184	550	0.0400
2500	1.41	0.119	410	0.0290
2740	1.21	0.020	20	0.0017
2850	1.25	0.004	5	0.0004
3150	1.02	0.003	3	0.0002
3420	1.21	0.005	10	0.0008
4025	0.50	0.005	5	0.0010

（据 Albrecht et al.，1969）

除利用上述各种总含量的变化外，还可以利用其他各种地球化学指标如 Pr（姥鲛烷）$/nC_{19}$、Ph（植烷）$/nC_{20}$、$nC_{21}-/nC_{22+}$、（$nC_{21}+nC_{22}$）/（$nC_{28}+nC_{29}$）等来研究这一问题。一般认为正构烷烃的分子越小越容易运移，因此在发生运移的深度段这些比值都将降低；也可以用热解色谱的 S_1 和 $S_1/$（S_1+S_2）比值来指示运移情况，一般认为热解色谱蒸发烃量与总烃含量相当，在未发生运移的部位保持稳定，而在运移的深度段上其含量和比值均下降。另外，在同源且成熟度一致的烃源岩中，可利用正构烷烃中的轻重比值作为油气运移的指标。（$C_{22}-C_{26}$）$/C_{27+}$ 指标能较好地反映油气初次运移现象，即在油气运移过程中低相对分子质量的（或短链的）正构烷烃较相对高分子质量（或长链）的正构烷烃易运移。

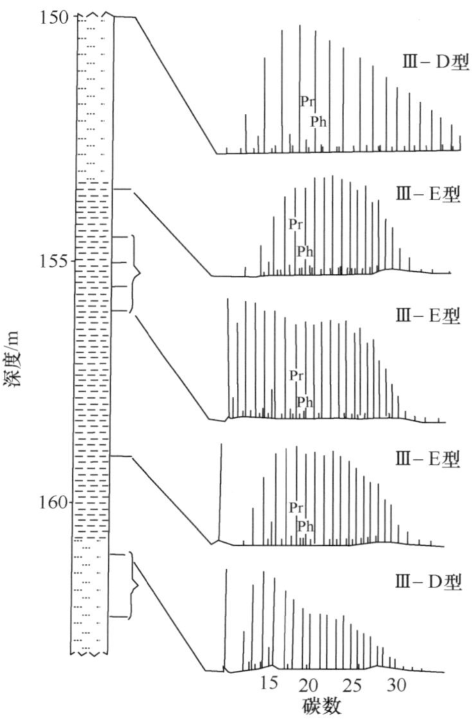

图 7-2　据生油岩和相邻砂岩中正烷烃分布观察地层中的排烃现象
（据 Leythaesuer，984）

（二）分析排烃效率、排烃机理

Leythaeuser 等（1984，1986）分别对挪威斯匹次卑尔根岛的下白垩统和古新统的生油岩以及北海 Brae 油田的上侏罗统生油岩进行了研究。他们在生油岩中部、边部和紧邻的砂岩密集取样，并对可溶有机物进行色谱分析，有以下几点发现和认识。

1）正烷烃在排烃过程中有明显的分异作用，低碳数烷烃优先排出。通过色谱分析发现：在厚层生油岩中部正烷烃分布保持双峰型，边部残留较多高碳数烷烃，使正烷烃呈后峰型分布；而紧邻生油岩的砂岩中却富集了低碳数烷烃，使正烷烃呈前峰型分布（图 7-2）。又根据物质平衡的定量计算，两者在量和质上均呈补偿关系，由此而观察到并证实了地下排烃现象确实存在。

2）根据生油岩的含烃量由中部向紧邻砂岩的顶底两边递减，可以计算出排烃率。并提出相对排烃率和绝对排烃率的概念，前者是以生油中部的实际含烃量为基准来计算，后者是以理论计算值为基准来计算。例如，北海油田生油泥岩的相对排烃率在 4020m 处为零，在边部 4032m 处达 76%。而其绝对排烃率在中部 4020m 处为 27% ［（计算值-测定值）/计算值］，在边部 4032m 处为 83%。从绝对排烃率的计算中可以看出，在厚层生油岩的中部也有烃类排出。说明在成熟阶段没有不排烃的生油岩，在不同的部位上只有排烃多少和快慢的差别。那种把生油岩划分成排烃带和滞烃带的提法只有相对的意义。正如我们在第二章中讨论初次运移距离问题时所指出的：排烃是由生油岩中部到边部呈连续状的，只是由于边部排烃速度比中部的补给速度大，才形成含烃量向边部递减的曲线，也正是这种含烃量有差异的连续曲线，才进一步地说明了生油岩中部也并非没有烃类排出。

3）通过对Ⅲ型干酪根（腐殖型）生油岩与Ⅱ型干酪根生油岩正烷烃的相对排烃率进行比较，可以发现前者正烷烃排出率随碳数的增加而迅速递减，分异效应明显，后者几乎没有变化。这种不同说明了两种类型的生油岩其排烃机理和运移相是不同的。Ⅲ型干酪根烃源岩以产气为主，少量的油溶于气中以气相运移，因此溶解度大的低碳数烷烃优先排出，分异现象明显。而Ⅱ型干酪根烃源岩以生油为主，少量的气溶于油中以油相运移，所以最终几乎无分异效应。

二、有机地球化学参数示踪油气二次运移

研究的内容主要是油（气）源对比和追踪油气运移路线这两方面。油（气）源对比包括了油（气）与烃源岩之间以及不同地层中油（气）之间的对比。烃源岩及其生成的油气必然存在着亲缘关系，在化学组成上也必然有着某种程度的相似性。来自同一烃源岩的油气在化学组成上也应该具有相似性，这种相似性就是进行油（气）源对比的基本依据。然而油气在漫长的运移过程中又经历着一系列的变化，因此又可以依据它们的变化规律来追踪运移路线。只要合理地选用有机地球化学参数，结合地质条件和各种资料进行综合分析，就能根据油（气）与烃源岩之间成因联系及其变化规律，确定烃源区和运移的方向、距离以及了解油气所经历的各种次生变化，从而有效地指导油气勘探。

油气对比的基础是：性质相同的两种油气应源于同一母岩；母岩排出的石油应该与母岩中残留的石油相同；母岩排出的天然气的成因类型应该与母岩的性质一致。但实际情况下，因为石油可能受到运移、热力降解、重力分异、岩石吸附、扩散、溶解以及生物降解和氧化等外界作用的影响，使得母岩抽提物与油藏原油之间差异突出。因此，在油气对比参数选择时，应尽量选取那些受非成因因素干扰小且较稳定的指标。

（一）油-源对比参数

最常用的有机地球化学对比参数有：C_{15+}正构烷烃，类异戊二烯烷烃，甾类和萜类化合物，芳香族化合物，碳同位素和族组分等（表 7-4）。按对比稳定性的要求首推是生物标志化合物，其次是碳同位素，再次是正构烷烃和一般环烷烃。

表 7-4　油-源和油-油对比参数

参数		海相碳酸盐烃源岩	海相泥质烃源岩	陆相三角洲烃源岩
基本参数	正烷烃优势	偶数	奇数	奇偶优势不明显
	硫含量	高（1%~5%）	变量（<2%）	低（<0.3%）
	饱和烃/芳香烃	低—中等	中等—高	高
	镍、钒含量	高	低—高（1~2）	低或无
	镍/钒比	低（≤1）	低（≤1）	高（>2）只对湖相烃源岩
	姥鲛烷/植烷	低（<1）	高（>1）	很高（>3）
	姥鲛烷/nC_{17}	高（>0.6）	低（<0.6）	高（>0.6）
	植烷/nC_{18}	高（>0.3）	低（<0.3）	低
生物标志化合物	甾烷优势	$C_{27}>C_{29}$	高 C_{28}，$C_{27}<C_{29}$	高 C_{29}
	C_{30}/（C_{27}—C_{30}）甾烷	高	低	低
	重排甾烷/规则甾烷	低—中等	中等—高	中等—高
	甾烷/17α（H）-藿烷	低	高	低

续表

参数		海相碳酸盐烃源岩	海相泥质烃源岩	陆相三角洲烃源岩
碳同位数	$\delta^{13}C$ 平均值	-10‰	-20‰	-30‰
	类型曲线（饱和烃—石油—抽提物—干酪根—芳香烃—NSO 非烃—沥青）	变重	变重	变重
	同位素剖面	轻—重	轻—重—轻	重—轻

（据 Welte 等，1997，有修改）

1. 微量元素

石油中微量元素钒和镍是卟啉的络合物，随卟啉一起从母岩进入石油。其绝对含量可能随氧化、运移等作用而变化，但二者的比值常无明显的变化。一般 V/Ni 随地质年龄增长而减少，这个比值在最年轻的石油中最高，最老的石油中最低，这可能是因为钒卟啉的热稳定性比镍卟啉差。

2. 生物标志化合物

生物标志化合物如类异戊间二烯类、甾类和三萜类由于相对地不受轻组分流失和风化作用的影响，所以他们的分布特征不仅可用于油-油对比，也可用于油-岩对比。

（1）类异戊二烯烷烃

C_9—C_{25}异戊间二烯型烷烃结构较稳定，抵抗微生物的降解能力强。其中以姥鲛烷（Pr）和植烷（Ph）含量最丰富，也最稳定，因此常用 Pr/Ph、Pr/nC_{17}、Ph/nC_{18}、（Pr + Ph）/（nC_{17}+nC_{18}）等比值进行油源对比。

（2）甾类和萜类化合物

甾烷、萜烷的相对含量和组合特征对于有亲缘关系的生油岩和原油具有相似性，而且这类化合物性质稳定，尤其是可以抵抗微生物降解，所以是很好的油源对比参数。常用对比参数有甾烷（C_{26}—C_{30}）化合物碳数分布、ααα（20R）甾烷 C_{27}/C_{28}、ααα（20R）甾烷 C_{28}/C_{29}、伽马蜡烷/C_{30}（莫烷+霍烷）、ααα（20R）甾烷 S/（S + R）等。

3. 稳定碳同位素

碳同位素 $\delta^{13}C$ 值是最常使用的参数，一般海相有机质比陆相有机质的 $\delta^{13}C$ 值高，并在干酪根、沥青和石油间存在系统的变异。石油是干酪根热演化的产物，因此石油的 $\delta^{13}C$ 值要比同层的干酪根轻。在多数情况下存在有 $\delta^{13}C_{干酪根}>\delta^{13}C_{沥青}\geqslant\delta^{13}C_{石油}$ 和石油中的 $\delta^{13}C_{非烃}>\delta^{13}C_{芳香烃}>\delta^{13}C_{饱和烃}$ 的关系。当母质来源和沉积环境以及演化程度相同时，$\delta^{13}C$ 具有良好的对比性。

4. C_{15+}正构烷烃

常用的对比参数有正构烷烃的分布特征，包括碳数分布范围和主峰碳数以及 *OEP* 值、轻烃与重烃的比值、环戊烷/正构烷烃等。一般来讲，有亲缘关系的油和烃源岩碳数分布曲线具有相似性。正构烷烃受生物降解、热成熟等作用的影响较大，一般只对低—中成熟、生物降解不明显的石油有较好的对比效果。

5. 芳香族化合物

芳香族、芳香肖族及硫芳香族（噻吩类）等化合物能够保存在成熟度较高的生油岩和石油中，因此在高成熟度的油源对比中是有用的对比参数。

（二）气-源对比参数

在常温、常压下天然气主要是 C_4 以下的气态轻烃。由于组分少，因而提供的对比信息和指标就比石油少得多。气态烃在地下岩石中运移比石油活跃，因而残留在烃源岩中的量也比石油少。另外在捕集、取样和测试方面也比石油困难得多。由于上述种种原因，轻烃的地球化学研究和气-源对比一直是个薄弱环节。目前常用的对比方法和指标有以下几个方面。

1. 气态烃比值法

包括 C_1、C_2 的含量和 C_1 与（C_2—C_4）的比值等，一般是煤型气的甲烷含量和比值大于油型气。

2. 天然气中各种同位素

主要包括甲烷的碳同位素（$\delta^{13}C_1$）值、氢同位素（δD）值、氩同位素（$^{40}Ar/^{36}Ar$）比值等。一般规律是煤型气及其各演化阶段上的 $\delta^{13}C_1$、δD 和 $^{40}Ar/^{36}Ar$ 比值均大于油型气及其各演化阶段的比值。

3. 非烃

一般煤型气中非烃的含量比油型气高。

4. 与天然气共生的凝析油的地球化学指标（石蜡指数、庚烷值、苯和甲苯等）

一般是与煤型气共生的凝析油，其石蜡指数、庚烷值、苯等指标均比与油型气共生的凝析油高。不同成因天然气的各种地球化学判别指标可参见表 7-5。

表 7-5　不同成因类型天然气的地球化学鉴别指标综合表

鉴别内容		煤成气	混合气	油成气
CH_4 含量/%		>90	<90	<90
天然气	$\delta^{13}C_1$/‰，PDB	-33～-25.5	-36.5～-33	<-37
	$\delta^{13}C$/‰，PDB	>-31	-37～-31	<-37
	δD（天然气）/‰，SMOW	-182～-164	-216～-192	-236～-194
	δD（甲烷）/‰，SMOW	-175.5～-170.5	-199～-193.5	-235.5～-195.5
	Ar^{40}/Ar^{36}	1090～1755	683～900	340～682
	汞含量/（$\times10^{-9}g\cdot m^{-3}$）	$n\times10^3$～$n\times10^4$	$n\times10^2$～$n\times10^3$	
凝析油	$\delta^{13}C$/‰，PDB	>-26.5		<-27
	石蜡指数	>8		<4
	庚烷值/%	>40		<30
	苯/%	>10		<6

（据陈文义等，1987）

（三）追踪二次运移方向和路线

1. 追踪石油运移的方向和路线

在自然界，沿石油运移的主方向上，石油的化学成分和物理性质也有类似的分异和变化。

1）非烃化合物含量相对减少，包括钒、铁、镍、氧、氮、硫等非烃化合物，由于它们的分子大、极性强，所以沿运移方向含量相对减少。

2）石油中稳定碳同位素 $\delta^{13}C/\delta^{12}C$ 的比值沿运移方向而降低，这是由于 $\delta^{13}C$ 比 $\delta^{12}C$ 具有较强的吸附性（图 7-3）。

3）高分子烃类化合物（包括高分子正烷烃）含量以及芳香烃含量相对减少，结果造成沿运移方向主峰碳数降低、轻重正烷烃的比值增加、轻重芳香烃的比值增加、紫外光吸收带 E230/E260 和荧光光谱 1385/1440 的比值增加。

4）某些生物标志化合物也发生变化，例如甾烷化合物中 5α-、14β-、-17β-异构体比 5α、14α、17α 正构体运移得快，重排甾烷 13α、17β 比规则甾烷 5α、14α、17α-运移得快，因此它们的比值由小到大指示运移方向。原油中异胆甾烷和三环二萜烷的富集往往是长距离侧向运移的结果。

5）石油在运移过程中化学成分有规律地变化，必然导致其物理性质也相应地发生变化。原油的密度、黏度、含蜡量及凝固点沿运移方向逐渐变小变低，人们利用这些物性的变化也可以追踪石油运移的方向和路线。

6）近年来中性的咔唑类含氮化合物有效地用于指示石油的运移。虽然它们一般仅占原油质量的0.1%~2%，但它们具有极强的吸附性，且在水中的溶解度极低，因此受地层水的干扰很少。随着运移距离的增加，该类化合物的绝对丰度显著降低；烷基化程度较高咔唑类与烷基化程度较低咔唑类的相对比例增加；烷基取代基靠近 N-H 官能团的衍生物（如 1，8-二甲基咔唑）与烷基取代基远离 N-H 官能团的衍生物（如 2，4-二甲基咔唑）的相对比例增加；烷基咔唑类同系物与烷基苯并咔唑类同系物的相对比例增加（黎茂稳，2000）。咔唑类非烃化合物的丰度与相对分布，虽然也受原始母质和成熟度等因素的影响，但其程度可能小于甾、萜类等生物标志化合物，因此在国外被称为石油二次运移的化学示踪剂。

2. 追踪天然气运移的方向和路线

（1）低分子正构烷烃

在运移过程中，烃类气体碳数越少的组分其运移能力就越强，甲烷（CH_4）具有分子小、结构简单、密度低、极性弱、黏度小、扩散系数大等特征，较其他重烃气体（C_{2+}）不易被岩石吸附且运移速率也快，致使沿运移方向甲烷相对富集。因而可利用 C_1 含量和 C_1/C_{2+} 等比值的增加来指示运移方向。此外，分子量相同而结构不同的组分也显示出运移的分异性，例如 iC_1 分子的有效直径小于 nC_4，而扩散系数大于 nC_4，结果沿运移方向 iC_4/nC_4 比值也呈增加趋势（表 7-6）。

表 7-6 根据组分变化追踪兴隆台油田伴生气的运移方向

油层深度/m	CH_4/%	C_1/C_2	iC_4/nC_4	运移方向
1790.7	95.98	32.78	13.04	NE
1992.4	92.78	16.33	7.93	↑
2079.1	91.50	14.67	5.60	
2248.9	83.03	7.52	0.70	
2806.9	79.24	4.24	0.47	
3105.2	75.29	3.47	0.46	SW

（据沈平等，1991）

（2）甲烷碳同位素（$\delta^{13}C_1$）值

对同一地区、同一母质来源的天然气，利用 $\delta^{13}C_1$ 值来追踪天然气运移是一种有效的方法。其方法是首先要确定气源岩埋深与成熟度的对应关系，然后利用 $\delta^{13}C_1/R_o$ 和深度-R_o 的关系计算出气源岩的现埋深，再结合天然气的产层深度，就可估算出天然气在垂向上的运移距离（图 7-3；表 7-7）。

表 7-7 利用 $\delta^{13}C_1$ 值估算东方 1-1-2 井天然气垂向运移距离

气层深/m	$\delta^{13}C_1$/‰	R_o/%	气源岩埋深/m	运移距离/m	测试号
1284～1296	-35.8	1.19	3830	2534	DST4
1331～1361.5	-32.6	2.01	4920	3558.5	DST3
1431～1452.5	-33.2	1.83	4840	3387.5	DST2

（据郝石生等，1995）

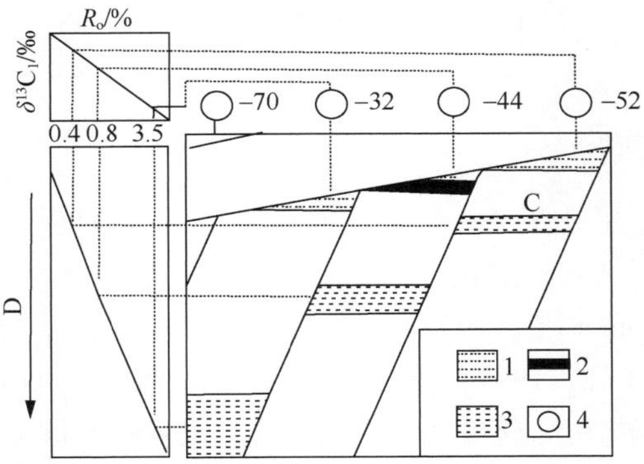

图 7-3 应用 $\delta^{13}C_1$-R_o 关系追踪气源和运移距离

（据 stahl，1980）

1—气层；2—油层；3—烃源岩；4—$\delta^{13}C_1$ 值

（3）生物标志化合物

天然气中常含有一定量的凝析油或轻质油，它们随天然气一起运移。因此可以借助凝析油中的石蜡指数、庚烷值和芳香烃等化合物来指示运移方向。在凝析油成熟度相同的情况下，沿运移方向石蜡指数、庚烷值减少，而单环芳香烃/双环芳香烃、单环芳香烃/三环芳香烃等比值和甲基菲指数、甲基菲比值均增加，这些变化在莺琼盆地崖城气田十分明显。

（4）非烃气体

CO_2 是天然气中最常见的非烃组分之一，常与烃类气体相伴运移。CO_2 与 CH_4 相比，其分子直径大、密度高且易溶于水，因此沿运移方向 CO_2 的含量减少、CH_4 的含量增高。同时，其同位素 $\delta^{13}CO_2$ 值也变轻。根据这些变化也可以判别运移方向。

三、利用有机地球化学参数研究油气的聚集

油气的聚集在时空上是二次运移过程中的一部分，也是二次运移产生的一种结果。油气在储集层中运移，依据自然规律必首先发生在孔隙度、渗透率条件好的部位，油气进入圈闭以后首先也是占据这部分空间。随着油气不断注入，油气逐渐向孔隙度、渗透率较差的部分扩展。若储集层的孔隙度、渗透率条件比较好，非均质性不强，油气在圈闭中能很快混合并达到较高的含油气饱和度；若储集层孔隙度、渗透率条件差，非均质性强，则油气在圈闭中的混合作用将持续很长的地质时间。

注入流体具有非均质性，对同一油源来说，先注入的原油其成熟度低于后注入的油。结果在非均质储集层中，后注入的、成熟度高的油就会把先注入的、低成熟度的油从孔隙度、渗透率较好的部位排挤到孔隙度、渗透率较差的部位。造成后注入的高成熟度原油占据了储层孔隙度、渗透率好的部位。因此，可以根据有机地球化学参数的变化，判断油气注入的方向和储集层非均质的情况。结合流体包裹体的研究、同位素年龄测定、地层水同位素分析等方法，可以进一步了解和研究油气充注的期次、油层的连通情况和采油工艺。可见这方面的研究直接关系到油气的运聚成藏、储集层的评价和油气的生产开发。油藏地球化学目前已成为有机地球化学研究中的新领域、新的学科生长点。

第四节　其他示踪技术

一、成岩矿物示踪

热流体活动不仅改变了孔隙流体的温度和压力，而且改变了孔隙流体的化学成分，进而影响到岩石的成岩作用和水-岩相互作用。传统成岩作用理论强调埋藏压实作用和温度对成岩作用的控制（Primmer 等，1997）。近年来许多学者证实热流体活动对成岩作用具有明显的影响（Kupecz et al.，1997；Wilkinson et al.，1997；Sharp et al.，2001；Xie et al.，2003）。异常压力体系形成和演化既可通过物理作用影响到体系内砂岩孔隙的保存和破坏，又可通过流体流动引起的化学作用而导致新生矿物沉淀和次生孔隙形成（Gouze et al.，2002）。Wilkinson 等（1997）通过北海盆地实例研究证实在超压流体释放带具有很高的孔隙度，这主要是由于长石的溶解产物被带走所形成的次生孔隙。因此，利用成岩矿物的变化可以较好地指示盆地内热流体活动特征。

黏土矿物纵向分布呈规律性变化，即随着深度和温度增高，蒙脱石向伊利石转化。即浅层低温条件下的蒙脱石随着埋深增大，逐渐过渡为伊-蒙混层，再过渡为伊利石占绝对优势带。黏土矿物转换特别是伊-蒙混层的构成和有序性是地史时期古温度的有效标志。蒙脱石向伊利石转换的程度取决于温度、K^+浓度和时间。正常情况下，可根据 I/S 混层的 Reichen-weite 有序度值变化情况判断地温梯度。对于无异常热作用和强烈剥蚀的地区，伊-蒙转换是

渐变的，而在有异常热作用的地区伊-蒙转换之间往往存在突变。从图 7-4 可以明显看出莺歌海盆地底辟区 DF111 与非底辟区 LD3011 的差异很大，同样在底辟区的不同底辟构造也有明显差异。

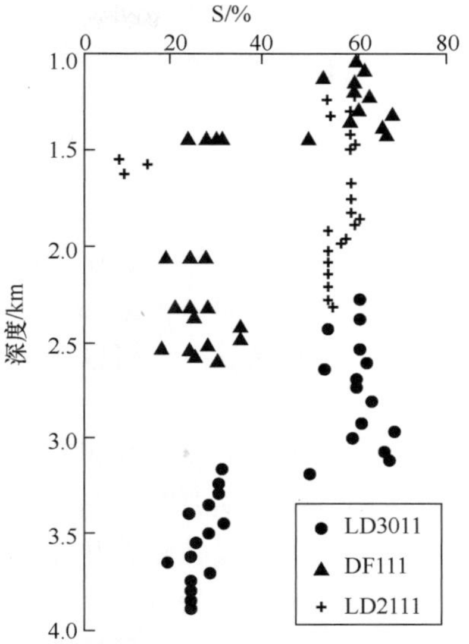

图 7-4　莺歌海盆地底辟区与非底辟区 I/S 混层中蒙脱石含量（S）变化（据解习农等，2006）

二、地球物理示踪技术

（一）测井技术

压实曲线即地层孔隙度随埋深的变化曲线，它近似地反映了沉积物遭受压实孔隙度不断变小、孔隙流体不断排出的成岩过程。泥质生油岩的压实作用被认为是初次运移的主要动力，所以利用泥质岩的压实曲线研究初次运移是常用的一种方法。一般认为，欠压实泥质烃源岩中流体的异常高压与油气的运移和聚集有密切关系，而偏离正常压实趋势的欠压实泥岩在压实曲线上又能清楚地显示出来，因此可以从压实曲线上找出并分析它们之间的关系。总之，通过压实曲线的研究，可以分析和指示泥质烃源岩的排烃深度（时期）和排烃方向，估算排液（烃）量和地层压力以及确定和恢复地层的剥蚀厚度和古厚度等。此外，还可以借助孔隙度随埋深变化的动态曲线来建立其他与孔隙度有关参数（如渗透率、体积密度、层速度等）的动态曲线。因此，孔隙度曲线又是进行定量研究的基础资料和重要参数。

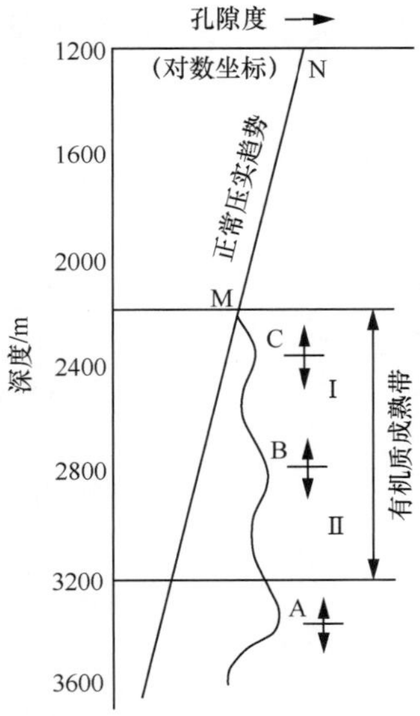

图 7-5　根据欠压实曲线分析和判断排烃深度和方向（据李明诚，2004）

1. 根据压实曲线分析和判断排烃深度（时期）和排烃方向

人们常根据生油泥岩正常压实曲线上的急速压实段来确定初次运移的深度和时期，认为在这一深度段上有较多的流体排出。把排液期与初次运移的排烃期等同起来，甚至在某些资料上把蒙脱石大量脱水的深度定为初次运移的深度，显然是不完全正确的。从油气排出的条件看来，这里还必须要结合大量生烃的成熟带深度以及含烃饱和度等问题共同考虑来确定。

欠压实曲线上的排烃深度和方向如图 7-5 所示，这里有 A、B、C 三层欠压实烃源岩，它们可以根据异常压力的大小和分布，分别向上、向下排烃，首先汇集在 I、II 带中，再进行较大规模的侧向运移。可见，位于具异常高压烃源岩之间的地带往往是有利的油气聚集区。

2. 根据压实曲线计算地层压力

声波在地层中传播速度与岩石的密度、结构、孔隙度及埋藏深度有关。其大小取决于岩性、压实程度、孔隙度及孔隙空间流体含量。当岩性、地层水性质变化不大时，声波时差主要反映地层孔隙度的大小，而上覆地层压力为孔隙度的单值函数。对于沉积压实作用形成的泥岩、页岩、声波时差与孔隙度之间的关系满足 Wyllie 时间平均公式，即：

$$\Phi = \frac{\Delta t - \Delta t_m}{\Delta t_f - \Delta t_m}$$

式中：Φ 为岩石孔隙度，%；Δt 为地层声波时差，μs/m；Δt_m 为骨架声波时差，μs/m；Δt_f 为地层孔隙流体声波时差，μs/m。

在正常沉积条件下，可以导出：

$$\Delta t = \Delta t_0 e^{-CH}$$

式中：Δt 为深度为 H 的地层的声波时差，μs/m；Δt_0 为起始声波时差，即深度为零时的声波时差，μs/m；C 为压实系数。

在正常压力井段，随着井深增加，岩石孔隙度减少，声波速度时差减少。利用这些井段数据建立正常压实趋势线。当进入压力过渡带和异常高压带后，岩石孔隙度增大，声波速度减少，偏离正常压力趋势线。利用这一点即可以达到预测地层压力的目的。

3. 利用压实曲线推测地层剥蚀厚度

在连续沉积的地层剖面中，正常压实曲线是一条孔隙度值或声波时差值随深度由大变小的连续曲线，在半对数坐标系统里则是一条略呈弧形的渐近直线。利用压实曲线推测地层剥蚀厚度有两种情况：一种是地层发生剥蚀后其上没有新的沉积，剥蚀面即现地表面，此时按正常压实趋势向上延伸，使其孔隙度值（Φ）或声波时差值（Δt）达到地面值（Φ_0 或 Δt_0），此时向上延伸的高度即为地层的剥蚀厚度，如图 7-6 所示；另一种是地层遭剥蚀后其上又有新的沉积，当其厚度小于剥蚀厚度时，则连续的压实曲线发生中断，形成新老两条不同斜率的曲线，按老地层正常压实趋势向上延伸使其达到对应的 Δt_0 地表值，向上延伸的高度即为地层剥蚀厚度，如图 7-7 所示。当新沉积的厚度大于剥蚀厚度时，即新老压实曲线趋势一致时，则不能用压实曲线来推测。

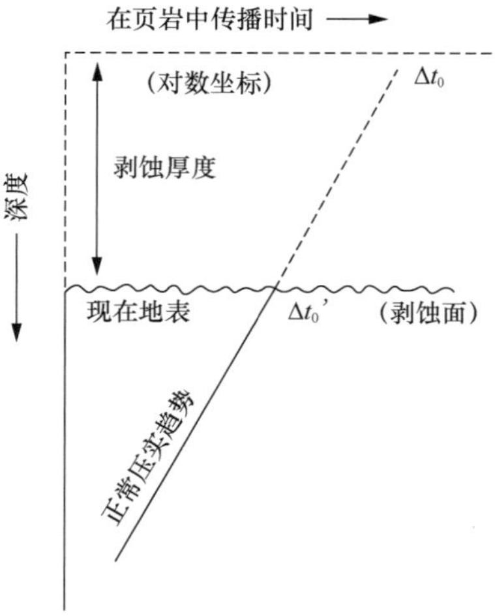

图 7-6　地层剥蚀后无新沉积时利用压实曲线推测剥蚀厚度示意图

（据李明诚，2004）

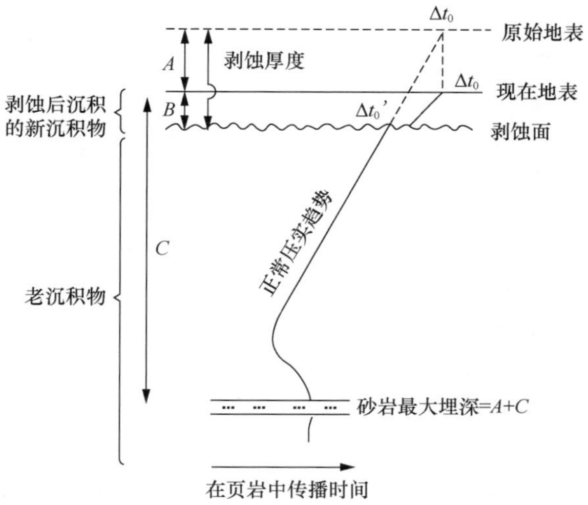

图 7-7　地层剥蚀后有新沉积物，其厚度小于剥蚀厚度时，利用压实曲线推测剥蚀厚度示意图
（据李明诚，2004）

（二）地震技术

1. 地层压力识别

地震波在岩石中的传播速度与岩石的基质类型、孔隙间流体的成分、岩石颗粒间的胶结物成分、岩石的破碎程度以及地层压力因素有关。目前用地震资料预测地层压力的方法还只限于压实理论的基础上，其基本原理是在正常压实地层中，随着深度的增加，地层逐渐被压实，地层岩石的孔隙度逐渐减小，地震波在岩石中的传播速度逐渐加快，而在异常高压地层中，表现为与正常压实趋势相反的变化，孔隙度比正常压实的孔隙度大，岩石密度比正常压实的密度值低，地震波波速比正常压实的波速小。根据这些异常就可以预测异常高压的存在，并可估算其压力的大小。在沉积岩中速度的空间分布规律决定于地层的沉积顺序及岩性特点。沉积岩的基本特点之一是成层分布。在各层中地震波传播的速度是不同的。因此，利用地震资料就可以将地层剖面变换成速度剖面，进而转换成压力剖面。这也是用地震手段预测地层压力的基础。

2. 流体活动识别

在有大规模热流体活动的地区，热流体活动不仅可以导致温压场特征及地球化学分析指标异常，而且在各种地球物理资料上都有特殊的响应形式。多种地球物理资料，特别是地震反射道积分剖面和旁侧声纳扫描资料显示：底辟带热流体在海面、海底以及盆地的浅层、中层和中深层等不同部位的活动具有各自不同的响应形式，如气苗、麻坑和气囊等。Parnell（2002）和 Hovland 等（2002）发现在现今大陆架海底存在大量从深部超压流体渗漏到海底后遗留下的麻坑。这些麻坑是流体喷溢造成的，即流体喷溢后的塌陷。当岩层或裂隙带中充注了流体，特别是天然气时，超压流体囊以低速异常为特征，从而在地震剖面上造成反射模糊带，甚至空白区，其原因是气层低速异常和强反射屏蔽的影响，使反射波信噪比大幅度降低。

第八章 盆地流体模拟

盆地流体流动是盆地动力学背景、构造、沉积充填、热史综合作用的结果。盆地流体模拟的目的是再现盆地演化过程中流体活动规律，包括盆地演化过程中沉积物物性、温度场、压力场以及流体流动速度、流量、流体-岩石相互作用速率等参数随时间的变化，进而可为盆地内油气运移和聚集、成矿流体运移和聚集提供依据。因此，盆地流体模拟是非常规油气运聚模拟的基础，也是盆地内地质资源评价中必不可少的一个环节。本章主要介绍流体流动模拟、温压场模拟、生烃史模拟及流体势模拟的原理和方法。

第一节 流体流动模拟

一、基本原理

盆地流体活动虽然错综复杂，但它总是遵循4条基本原理，即流体活动过程中的达西定律、质量守恒定律、能量守恒定律和溶解物质质量守恒定律。

1. 达西定律

法国工程师Henri Darcy在1856年发表了水通过直立均质砂粒渗滤管的实验结果，结果表明流体渗滤速度总是与测压管水柱高差和渗流系数成正比，即：

$$v = \frac{Q}{A} = K\frac{\Delta h}{L}$$

式中：v为流体渗流速度，cm/s；Q为单位时间内流体渗滤过滤管的体积量或流量，cm^3/s；A为管道横截面积，cm^2；Δh为测压管水柱高差，cm；$\Delta h/L$为水力梯度，cm/cm；K为水力传导系数，渗流系数。

沉积层中渗流系数与组成多孔介质的颗粒性质和流体性质有关，其关系为：

$$K = k\frac{\rho}{\mu}$$

式中：k为渗透系数或渗透率，$10^{-3}\ \mu m^2$；ρ为流体的密度，kg/cm^3；μ为流体的黏度，Pa·s。

设q为单位时间单位面积透过的水量，如果采用压差ΔP代替水头差ΔH，则通过单位体积的流量。

$$q = \frac{k\rho}{\mu}(\Delta P + \rho_w gZ)$$

式中：P为测点的实测地层压力，Pa；ρ_w为地层水的密度，kg/m^3；g为重力加速度，

m/s^2；Z 为测点的高程，m。

2. 质量守恒定律

当流体通过孔隙介质内一个截面时，在任一时间间隔内从这个截面流出的质量等于向这个截面流入的质量，即所谓连续性方程：

$$\frac{\partial}{\partial t}(\Phi\rho_w) = -\nabla\cdot\rho q$$

左端为温度与压力的函数，可进一步分解为：

$$\frac{\partial}{\partial t}(\Phi\rho_w) = \frac{\partial\rho_w}{\partial t}\Phi + \frac{\partial\Phi}{\partial t}\rho_w$$

其中

$$\frac{\partial\rho_w}{\partial t} = -\alpha_w\rho_w\frac{\partial T}{\partial t} + \beta_w\rho_w\frac{\partial P}{\partial t}$$

$$\frac{\partial\Phi}{\partial t} = (1-\Phi)\alpha_b\frac{\partial T}{\partial t} - (1-\varphi)\beta_b\frac{\partial P}{\partial t}$$

式中：Φ 为孔隙度，%；T 为温度/℃；t 为时间/s；α_w 为水的膨胀系数，$℃^{-1}$；β_w 为水的压缩系数，Pa^{-1}；α_b 为总体介质的膨胀系数，$℃^{-1}$；β_b 为总体介质的压缩系数，Pa^{-1}。

3. 能量守恒定律

盆地内流体流动可导致热的再分配，在多孔介质中传导热和对流热的传输可用以下微分方程表述：

$$\frac{\partial}{\partial t}(\rho_b C_b T) = (\nabla K_t\,\nabla T) - C_w\rho_w q\,\nabla T + Q_t$$

$$K_t = \frac{k_t}{\rho_b C_b}$$

$$\frac{\partial T}{\partial t} = k_t\,\nabla^2 T - \frac{C_w\rho_w}{C_b\rho_b}q\,\nabla T + \frac{Q_t}{\rho_b C_b}$$

式中：q 为达西流的流速；k_t 为热扩散系数，W/m·K；K_t 为热传导系数；C_w、C_b 分别为流体和岩石的热容，J/kg·K；ρ_w，ρ_b 分别为流体和岩石的密度，g/cm^3；Q_t 为单位体积内部生热量，通常是放射性元素生热。

4. 溶解物质质量守恒定律

盆地流体分子浓度扩散可表述为：

$$q_c = -D\,\nabla C$$

$$D = D_w + D_b$$

式中：q_c 为流体分子浓度扩散通量，$kg/m^2\cdot s$；D 为扩散系数，m^2/s；D_w 为水动力热扩散系数，m^2/s；D_b 为分子扩散系数，m^2/s；∇C 为浓度差，kg/m^3。

流体中溶解物质质量守恒可表述为：

$$\frac{\partial}{\partial t}(\varphi C) = -\nabla\cdot q_c + q\,\nabla C + Q_c$$

$$Q_c = r(C_e - C_f)\ \text{线性关系式}$$

$$Q_c = rC_e f\left(\frac{C_e - C_f}{C_e}\right) \text{非线性关系式}$$

式中：C 为流体中溶解物质总浓度，kg/m^2；r 为反应速率；C_e 为孔隙水中某化学成分的平衡浓度，kg/m^3；C_f 为孔隙水中某化学成分的浓度，kg/m^3；Q_c 为化学物质源，如存在吸附作用时，它是水中物质吸附到固体介质中的量，或者是化学物质从固体介质进入水中的量。

二、基本模型和方法

1. 盆地流体模拟基本模型

盆地流体流动过程既包括水动力过程，也包括热传导过程和溶质运移过程，其具体数学模型如下：

（1）水动力模型

根据达西定律，盆地流体流动受压力差的驱动，单位体积的流速可表述为

$$q = -\frac{k}{\mu}\nabla P_{ex}$$

P_{ex} 是剩余孔隙压力（MPa），即流体压力与静水压力之差。

在 t 时间沉积物水动力微分方程可表述为：

$$(\beta_b + \varphi\beta_w)\frac{\partial P_{ex}}{\partial t} = -\nabla\cdot q + \beta_b\frac{\partial P_t}{\partial t} + \varphi\alpha_w\frac{\partial T}{\partial t} + Q_h$$

右端项第一项为流体流出量；第二项为颗粒压缩量，其中，P_t 为 t 时间颗粒所受压力；第三项为流体膨胀量；第四项 Q_h 为新生流体源，如黏土矿物脱水等。

（2）热动力模型

盆地流体流动过程扩散既包括随流热扩散和岩石热传导，有时还有新生热源，如由放射性元素所产生的单位体积的产热量，表达式为

$$C_b\rho_b\frac{\partial T}{\partial t} = -C_w\rho_w q\cdot\nabla T + \nabla(K_b\nabla T) + Q_t$$

式中：C_b为骨架岩石的热容；C_w 为孔隙流体的热容；K_b为骨架岩石的热传导系数；Q_t为由放射性元素所产生的单位体积的产热量。

（3）溶质运移模型

盆地流体中化学物质运移既包括水动力扩散，也包括由分子振动使物质从高浓度向低浓度的扩散作用，其表达式为：

$$\frac{\partial C}{\partial t} = D\nabla^2 C - \frac{1}{\varphi}U\nabla C + Q_c$$

式中：U 为水流速度，m/s；D 为扩散系数，m^2/s；∇C 为浓度差，kg/m^3。

2. 盆地流体模拟的基本方法

盆地流体模拟的方法有两种：一种是解析方法，另一种是数值方法。前者就是用数学上的积分法或积分变换等方法直接求数学模型的解，它是数学模型的精确解；后者则是用离散化的方法求解数学模型，其解为数值的集合，是数学模型的近似解。在盆地流体模拟

中，由于流体活动发生于一个非均质的复杂地层系统之中，用解析方法必须对于研究对象做出各种假设条件，例如假设地层是均质的，边界是简单的几何形状等，这种解析解的结果可以简单明了地看出盆地流体运动的一般规律。然而，沉积盆地是十分复杂的，用解析方法所做的一些简单假设不能完整反映地层的真实情况，如各相异性、特殊边界情况、盆地演化过程中的不规律性变化现象等。使用数值方法求解数学模型，恰好弥补了解析法的不足，它通常是将研究范围离散化，也就是进行网格剖分，然后将模拟区域的网格方程联合求解，进而得出数值解的集合。因此，数值方法成为盆地流体定量模拟中最重要的方法。

数值方法求解数学模型的方法有两种，一种是有限元法，另一种是有限差分法。这两种方法最大区别在于有限元法可以更好地模拟复杂的边界条件，用各种形状（一般为三角形）的网格单元最大可能地逼近模拟边界，所以一般用于那些边界影响比较大的问题的求解；而有限差分法可以很顺利地建立差分方程，在精度允许的范围内采用简单的网格系统将模拟区域离散化，此外有限差分法的求解也更为简单。

第二节　温压场模拟

一、地层压力模拟

沉积盆地的古压力和古温度一样，都是油气成藏的重要参数。油气的生成、排运与聚集、保存及成岩-成矿流体相互作用都离不开压力的作用。沉积盆地中古压力的研究已经成为盆地分析与研究中不可缺少的组成部分，在油气资源勘探与远景预测中起着越来越重要的作用。恢复沉积盆地古地压的方法有很多，传统上，可以利用盆地模拟方法来恢复古压力，或者依据黏土矿物的转变、泥岩声波时差、地震波速等可以推算出古地层压力。流体包裹体方法是人们较早用来恢复古压力的有效手段，根据流体包裹体均一温度和流体成分之间的平衡关系来确定古压力越来越受到人们的重视。

1. 盆地模拟方法

采用盆地模拟方法，模拟地层压力随地质历史的演化情况，为油气运聚成藏提供初步的参考，其基本原理是异常高压区古地层压力的恢复主要是用回剥的方法把某一地层现今的厚度和地层压力恢复到沉积时或埋藏中途某一时刻的厚度和压力。它的基本假设是：在整个盆地的发育过程中，理想地认为岩石颗粒体积保持不变（由于岩石的压缩系数较小）。这样在盆地演化过程中，由于上覆岩层的增加，地层的孔隙度和厚度就减少，地层厚度的变化主要通过孔隙流体体积及孔隙度的变化来实现。一般情况下，埋深越大，孔隙度越小；时代越老，孔隙度也越小。因此在古厚度和古压力恢复过程中，假设时间和深度两因素彼此可以分离，从泥岩声波时差资料出发，利用泥岩压实的不可逆原理，从而分别建立单层组地层的深度-孔隙度、时间-孔隙度的正常压实趋势线，用反回剥的方法推导出一套适用于异常高压区的古厚度和古地层压力恢复的方法。此方法的关键是建立比较准确的孔隙度压实趋势线，对于不同物源、不同时代、不同沉积环境的地层建立单层的深度-孔隙度压实趋势线和剖面上的时间-孔隙度压实趋势线。异常地层压力的存在与油气的形成、分布及勘探和开发过程都密切相关。目前普遍认为异常压力的成因机理有与压

(应)力有关的机理(非均衡压实、构造应力)、流体体积增加机理(水热增压、矿物转化时脱水、烃类生成、油裂解成气)和流体运动与浮力机理3种。一般而言,对于某一个地区以一种作用机理为主。在沉积盆地中的异常压力,主要是以欠压实作用为主,生烃作用也占一定的地位。根据以往的研究,认为在东部断陷盆地的异常高压中,烃类的充注导致高压往往起到重要作用。因此,对于含油气沉积盆地古压力的恢复,不仅要考虑其沉积埋藏和压实情况,也要考虑烃源岩成烃演化的历史及其与沉积埋藏(欠压实)的匹配关系。

2. 包裹体法

流体包裹体是矿物结晶生长时被包裹在矿物晶格的缺陷或窝穴内的那部分成矿流体。它至今仍保存在矿物中,并与主矿物有着相界线(含有包裹体的矿物称为主矿物)。包裹体形成后,由于没有外来物质的加入和自身物质的流出,因而可以作为原始的成矿流体进行研究。包裹体保留了成矿流体的成分、性质,可反映成矿时的物理化学条件,加之包裹体在矿物中普遍存在,因而通过研究包裹体,可获得成矿时的温度和压力、成矿溶液的盐度和密度及成矿流体的组分和稳定同位素组成等数据,在石油地质及其他地学领域有着重要意义。

被捕获的流体包裹体可以作为成分一定的等容热力学体系看待,从而可以依据不同的流体性质,应用不同的状态方程对其进行描述。也可以得出只有两个强度变量,即温度和压力的方程式。这时,由流体包裹体所得的状态方程(或等容式)和由矿物共生平衡所导出的范特霍夫等温式都只有温度和压力两个未知变量,并且在包裹体捕获的那个时刻它们相等。把这两个方程联立求解,就可以得出共生主矿物或其流体包裹体的形成温度和压力。若将流体包裹体状态方程(或实验曲线)所作的等容线与主矿物共生平衡曲线放在同一个温度和压力的坐标系中,那么它们的交点坐标,即是流体包裹体和共生主矿物的形成温度和压力。

要准确地测算包裹体捕获时的流体压力,难度较大,需要知道捕获流体相的成分和该体系的P-V-T-X相图。均匀流体的压力是由流体的温度和密度决定的,处于沸腾流体的压力就等于这种流体在沸腾时的蒸气压。因此,如果我们在样品观测中发现有沸腾类型的流体包裹体,只需测定其均一温度就能查出该流体的压力,方法简单可靠。如果我们观测研究的是各种非沸腾状态的流体包裹体,则测定和换算相对要复杂得多。一般对于均匀流体,采用已知捕获温度的等容线法求流体捕获压力。如果样品中见捕获有两种不混溶的流体,并且两种不混溶流体的P-T-V相图是已知的,则可根据两种流体包裹体的均一温度,在相图上求得捕获压力。由此可见,虽然流体包裹体可以用来测定压力,但是由于沉积盆地成矿流体十分复杂,温度又低,难以直接引用单体系、高温相图进行压力计算。虽然不能直接测量成岩矿物中的流体包裹体记录下的被捕获时期的流体压力,但可根据共生的盐水和烃类包裹体P-T相图来估算最小捕获压力。

二、盆地热史恢复

盆地热史恢复作为盆地热体制研究的主要内容,在油气田勘探和开发过程中有着不可估量的作用,盆地的热力学和热历史的研究已被认为是含油气盆地地质学研究中的系统工程之一。盆地热史的恢复不仅对烃源层生烃期次、有机质成熟度史的确定、初次运移量、区带评价乃至圈闭评价等油气成藏描述具有不可缺少的意义，同时它也是研究盆地构造热演化过程的一个重要方面。可见，热史恢复已经成为联系盆地和油气的纽带。从盆地研究的基本内容，到油气田的勘探开发，都和盆地热史密切相关。沉积盆地热史（包括盆地热流史和地层温度史）的重建有两条基本途径：一是在岩石圈尺度上，借助于盆地数学模型，通过对不同成因类型盆地及其下伏岩石圈构造热演化的模拟来实现热史重建；二是在盆地尺度上，基于不同古温标动力学模型，通过古温标反演来完成热史恢复。前者可称之为“构造热演化法”或“地球热力学法”，适用于缺乏深部地质资料，处于勘探初期的盆地；后者称为“古温标法”或“地球化学法”，适用于钻井多，勘探程度较高的盆地。前者属于正演法；后者属于反演法。这两种方法的比较和结合，不仅可以检验所选择的盆地模型，提供盆地成因的信息，而且可以揭示盆地构造演化过程中岩石圈的伸展量、厚度变化等参数，从而成为盆地构造演化研究的一种新的途径和方法。它是沉积盆地热体制研究的延伸或应用，也就是通常所谓的沉积盆地热模拟。

1. R_o 反演法

利用 R_o 进行盆地热史研究主要源于 20 世纪 70 年代 Tissot 等完成的一系列关于干酪根热降解实验和人们对埋藏增温在油气生成中重要性认识的不断深入，大致经历了 3 个主要发展阶段：① 20 世纪 70 年代基于 R_o-T 经验统计关系的定性分析阶段；② 20 世纪 80 年代基于 R_o 化学动力学模型的半定量模拟分析阶段；③ 20 世纪 90 年代以来基于 R_o 反演技术的定量模拟分析阶段。

盆地内某一深度地层中镜质组反射率（R_o）的大小主要受镜质体所在地层的埋藏历史和地温梯度的控制，当地层的埋藏史确定之后，R_o 就唯一受制于地温梯度的变化。如果仅考虑盆地内热传导这一最主要的传热方式，地温梯度只取决于盆地热流密度及其沉积物的热导率；如果又已知沉积物热导率，则盆地热流密度的变化唯一确定了盆地地温梯度的变化。这样，在已知盆地埋藏史和沉积物热导率的前提下，盆地热流密度的变化就成为控制某一深度地层 R_o 值的唯一因素。因此，可以根据古热流模型、古地温模型和 R_o 模型等一系列理论模型，利用实测的 R_o 数据反演求取盆地大地热流密度的变化；然后根据盆地热流密度的变化，结合地层埋藏史和沉积物热导率正演获得盆地所经历的古地温史（图 8-1）。

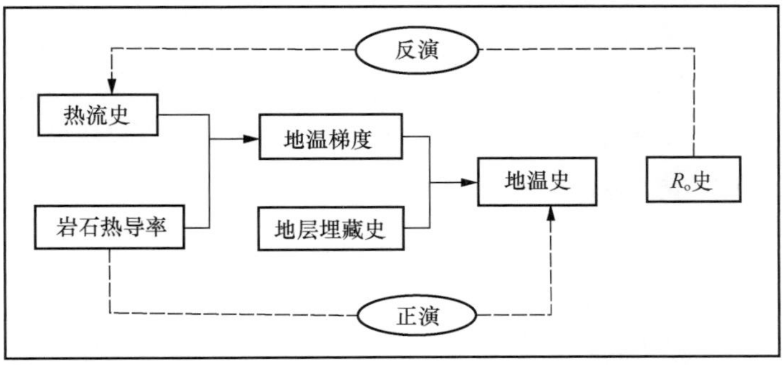

图 8-1　盆地热史恢复中 R_o 反演的基本原理

2. 磷灰石裂变径迹及（U-Th）/He分析法

近年来随着（U-Th）/He测年技术的迅速发展和裂变径迹分析技术的日益完善，以磷灰石、锆石的（U-Th）/He测年和裂变径迹分析为代表的低温年代学已经在地质体定年、盆地热史研究、地形地貌演化和沉积物源研究、热液流体的迁移研究、油母岩转变的时代研究和近地表的构造活动研究等方面得到了广泛的应用。

磷灰石裂变径迹和（U-Th）/He定年体系是利用岩石矿物中的放射性元素的衰变或裂变产物在矿物内的产出和累积来标定样本地质年龄的。核裂变径迹是重带电粒子通过绝缘材料，在其通过的路线上留下的辐射伤痕。原子序数很高的重元素，其原子核很不稳定，自发地放出某种射线而变成另一种核元素。当重元素的原子核分裂为两个质量相差不远的碎片时，同时放出大量的能量，裂变的碎片在矿物绝缘体中沿其高速运动的轨迹而损失能量。与此同时，在绝缘体矿物中留下辐射伤痕，这些损伤痕迹就称为裂变径迹。矿物内裂变径迹可以通过一定的机械、化学处理在实验中被刻画和统计出来，通过统计矿物内保留的自发径迹，以及外探测器上的诱发径迹数量和密度，得到了母核元素含量 N 和子核元素含量 d，即可计算出矿物的裂变径迹年龄。

第三节　生烃史模拟

油气生成量计算方法的发展建立在有机地球化学理论和方法发展基础之上。Tissot（1969）根据干酪根热降解成烃符合化学动力学原理，建立了干酪根热降解化学动力学模型，并用于油气生成量的计算。这是油气生成量计算方法的一次重大进展，这种动力学方法至今仍具有实用价值。

油气生成量计算方法主要有化学动力学法和热解模拟法。热解模拟法计算结果更接近实际情况，但在热模拟实验数据较少的地区，往往缺少降解率或产烃率图版，因而无法使用此方法，此时，可用化学动力学方法。化学动力学法所需的参数相对较少，因而适用性更广，但其计算结果不如热解模拟法可靠。

一、化学动力法

自从Tissot（1969）首次提出化学动力学模型以后，经过许多学者的改进和完善，化学动力学模型已从原来的单组分（烃）模型，发展成现在的多组分模型。根据Espitalie等（1988）和Ungerer等（1988）提出的关于初次裂解（primary cracking）的动力学原理，认为初次裂解是指干酪根热降解成烃的过程。干酪根的热降解可视为一系列不同活化能和频率因子的平行一级反应，用N个平行一级反应所表示（图8-2）。从图中可见，干

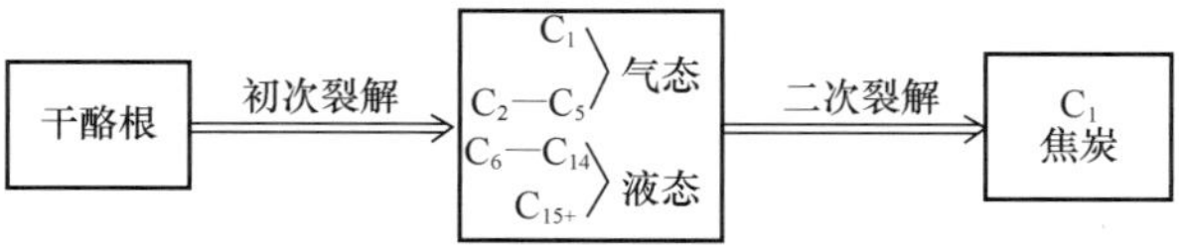

图8-2　干酪根裂解过程示意图

（据Espitalie，1977）

酪根的初次裂和解不仅生成液态烃，同时还伴有气态烃。二次裂解（secondary cracking）主要生成焦炭和甲烷气。在地表条件下，C_1 代表甲烷气；C_2—C_5 代表其他的气态烃；C_6—C_{14}代表液态轻烃；C_{15+}代表液态重烃。根据初次裂解的原理，就能建立多组分生烃动力学模型，利用这一模型可计算出的烃源岩的生烃强度（图 8-3）。

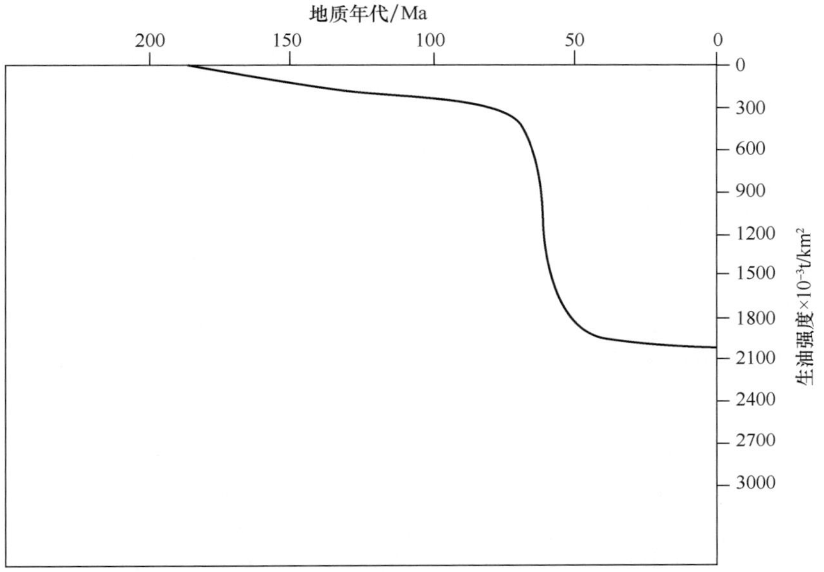

图 8-3　某生油层生烃强度史示意图

（据 Ungerer et al.，1988）

二、热解模拟法

Rock-Eval 热解仪快速评价法和热压模拟法是热解模拟实验的两种最主要方法。用前一种实验方法可获得降解率-R_o 关系图版；用后一种实验方法能得到产烃率-关系图版。利用这两种图版，结合有机质成熟度史和碳恢复系数图版，便能计算出生烃史。因此，热解模拟法又称图版法。

1. 热解仪快速评价法

法国石油研究院 Tissot 和 Espitalie 在系统研究烃源岩干酪根类型、成熟度和产烃潜量的基础上，进一步对热解方法进行研究，并综合了前人的热解试验成果，用了 5 年的时间设计了岩石热解仪。用此仪器能快速热解烃源岩，测定其中有机质热挥发和降解的烃类以及有机二氧化碳的量，从而进一步判断生烃岩的产烃潜力和有机质类型。另外，还可以根据热解烃峰的峰顶温度 T_{max} 来判断烃源岩的成熟度。

应用 Rock-Eval 热解仪评价样品后可得到一张记录图谱（图 8-4），图谱中有 3 个峰 P_1、P_2 和 P_3 根据这 3 个峰的面积 A_1、A_2、A_3，可计算出 S_1（可溶烃）、S_2（热解烃）和 S_3（有机二氧化碳）的含量。进一步整理后，可得到降解率等参数。

2. 热压模拟法

热压模拟始于 21 世纪初，煤化学领域为了探讨煤的气化机理而对煤进行高温加热实

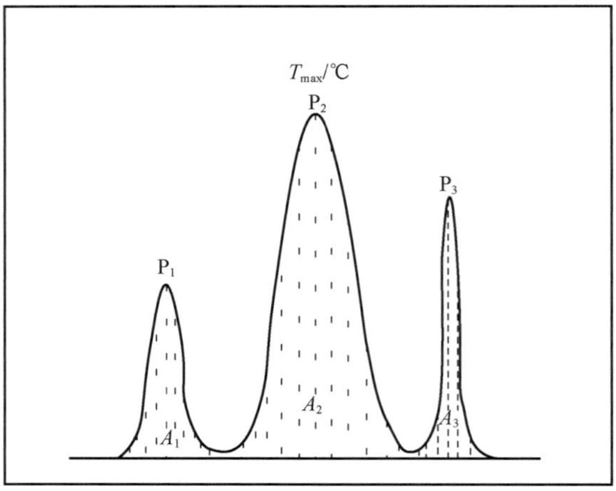

图 8-4　热解分析记录谱图

（据 Espitalie，1977）

热解载气氦气流量为 100mL/min；二氧化碳载气氦气流量为 35mL/min；

氢气流量为 25~30mL/min；空气流量为 300~400mL/min

验。20 世纪 60~70 年代，热压模拟实验内容主要是油气生成机制的探讨和煤气发生率的研究。20 世纪 80 年代以来，地球化学工作者开始利用热压模拟研究各类烃源岩在不同演化阶段的油气生成潜力。目前，烃源岩热压模拟实验已成为石油地球化学研究的重要实验技术之一，其主要模拟结果——气态、液态烃产率与 R_o 关系图版（图 8-5），已被广泛应用于油气资源评价中。

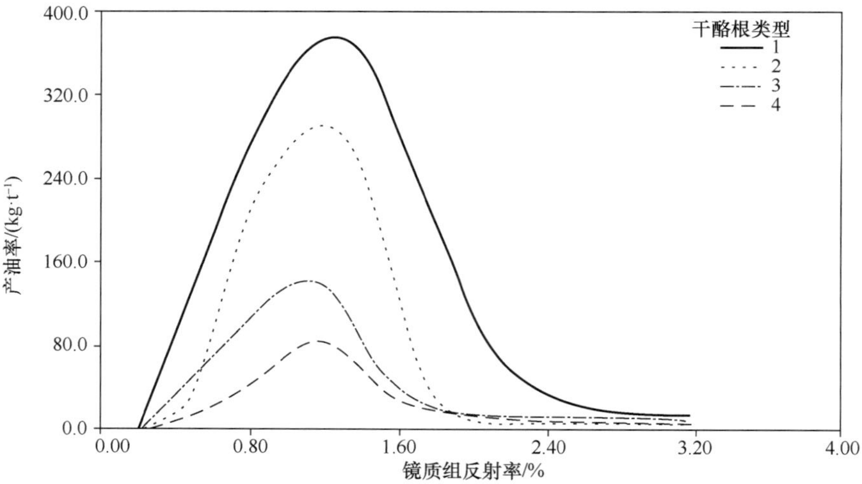

图 8-5　产油率与 R_o 关系曲线

（据 Espitalie，1977）

未成熟烃源岩中干酪根的含量可作为干酪根总量或原始干酪根量。样品经过热压模拟后，一部分干酪根转化成液态烃和气态烃，另一部分还残留在样品中。液态烃由轻烃（C_6—C_{14}）和重烃（C_{15+}）组成；气态烃由甲烷（C_1）和其他气体（C_2—C_5）组成。一般情况下，气态烃中包含有 O、N、S 等杂质。因此，测量出的气态烃含量要扣除杂质所占的体积。液态烃含量一般用专用装置收集，因而可直接测出。

第四节　流体势模拟

一、流体势相关概念

1. 流体势

流体势定义为单位质量的流体相对于基准面所具有的机械能的总和。流体势是控制地下孔隙流体流动的基本动力，决定流体的流动方向，影响油气的富集与成藏，它不仅是盆地分析的重要内容也是油气成藏动力学系统研究的主体和核心。流体势场与油气运移、聚集关系密切。20 世纪 80 年代以来，随着盆地定量分析技术的发展、盆地模拟技术的出现以及成藏动力学的兴起，盆地流体势与油气成藏的关系研究近年来已成为石油地质学的热点问题。流体势成为定量研究油气运移和聚集成藏的理论基础和依据。油气运移、聚集、成藏过程必须遵守流体运动的基本规律，即从高势区向低势区运移。油气水势分析的地质意义旨在于通过对油气势的高、低势区的研究和分析，提高人们对沉积盆地内油气的运移、聚集过程及成藏规律的认识，从而明确预测地下油气的聚集有利部位。不同学者对流体势提出了不同的表达方式，但是在研究中最为常用的是 Hubbert 在 1954 年提出的表达式，即

$$\varphi = gZ + \int_0^P \frac{dP}{\rho} + \frac{1}{2v^2}$$

式中：φ 为流体势，m^2/s^2；g 为重力加速度，m/s^2；Z 为该点相对于某一基准面的高程，m；P 为该点流体的压力，Pa；ρ 为该点流体密度，kg/m^3；v 为该点流速，m/s。

上式右端第一项表示重力引起的位能，可理解为单位质量流体由基准面（通常设其为海平面）移动到 Z 高程的过程中克服重力所做的功；第二项表示流体的压能（或弹性能），可理解为单位质量流体的压力由海平面处的压力变化到 P 压力的过程所做的功。式中假设海平面的压力为 1atm（10^{-1}MPa），这时表测压力为零；第三项表示动能，可理解为单位质量流体由静止状态加速到流速时所做的功。流体势是单位质量流体的机械能，包括位能、压能和动能三者的和。

地下流体的流速通常十分缓慢，因此，当 $v \approx 0$ 时，流体势的定义就为单位质量流体的势能：

$$\varphi = gZ + \int_0^P \frac{dP}{\rho}$$

对油和水来说，通常看作是不可压缩的，其密度不随压力变化，于是上式可进一步简化为：

$$\varphi = gZ + \frac{P}{\rho}$$

地下流体的势（或称力势）便可定义为单位质量流体的势能（包括位能和压能之和）。

2. 水头、油头和气头

水头是指与测点压力相当的静水面的标高（基准面以上为正，以下为负）。静水面标高反映了地层压力和地层水密度的大小。

$$H_w = Z + \frac{P}{\rho_w \cdot g}$$

式中：H_w 为水头；Z 为测点的高程；P 为测点的实测地层压力；ρ_w 为地层水的密度；g 为重力加速度；$\rho_w \cdot g$ 为地层水纵向压力梯度，表示增加单位深度时地层静水压力的增加值。

同一测点压力越大，地层水密度越小时，井中静水面的标高就越大；反之，则越小。

水头与水势的关系为

$$\varphi_w = gH_w = gZ + \frac{P}{\rho_w}$$

即水头 H_w 正比于水势 φ_w，它常用于作图，并用以反映地下水流动的方向。在分析地下流体的运动规律时，可以认为水头与水势基本上是等价的。同理，可以得出油头与油势，气头与气势的相互关系，于是水、油、气 3 种流体的势可并列如下：

$$\varphi_w = gH_w = gZ + P/\rho_w$$
$$\varphi_o = gH_o = gZ + P/\rho_o$$
$$\varphi_g = gH_g = gZ + P/\rho_g$$

势与压力虽然存在着一定的数量关系，但势与压力的概念不同。

二、测势面

同一储层中各点的流体势连起来将构成一个反映该储层不同部位势的变化状况的假想面，即测势面（水势面）。可将测势面设想为是一个当储层不同部位的铅直连通管中水面上升到最大稳定高度时管中液面所构成的假想面。它的形状反映地下储层内两个地点之间地层水的流体势能，以高程来表示。利用测势面揭示地下流动形态，测势面的几何形状与所研究地下单位中地层水流动形态密切相关。

如图 8-6 所示，在 A、B、C 与 D 井中水柱的高度相等，表明在整个储集层单元中水头或势能是常数值，各个部位间没有势能差异，可以认为没有定向水流，处于静水环境。

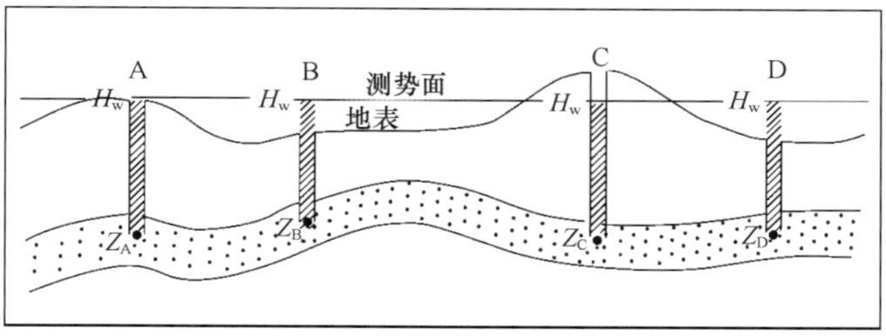

图 8-6　静水条件下水头高度和等势面剖面图

（据 Dahlberg，1982）

如图 8-7 所示，A、B、C、D 井中的水柱高度从右向左有规则地降低，表明地层水的势能在左边较低，相应的测势面也向左倾斜，因为流体从高势能区向低势能区流动，故可以推断出水向左流动。

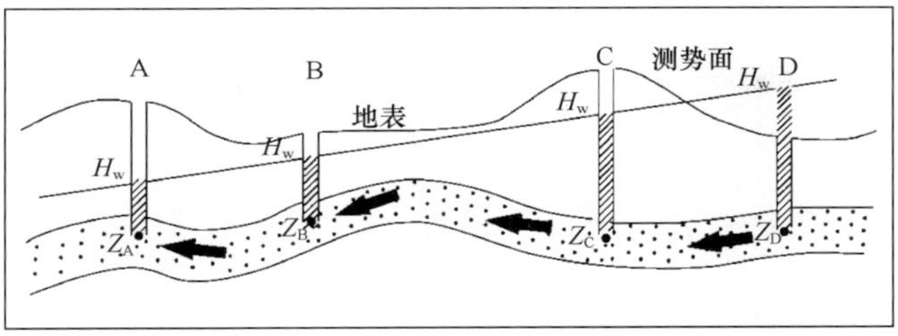

图 8-7　单向流动水头高度剖面图
（据 Dahlberg，1982）

如图 8-8 所示，A、B、C、D 井中的水柱高度向中间有规则地降低，测势面中间低，水流从左、右两个方向向中间汇流。这时，“低”点代表有断层，它像管道一样把水输出油层，输到上或下含水层中，甚至输送到地面。

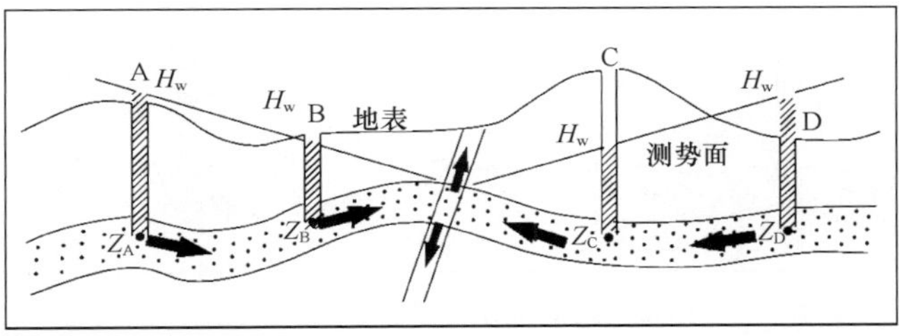

图 8-8　中间聚集流动水头高度剖面图
（据 Dahlberg，1982）

如图 8-9 所示，A、B、C、D 井中的水柱高度向两边有规则地降低，测势面有“高”点。水柱较高，意味着中心区有断层或破裂带，从这里水向两侧散流。这时，测势面上的相对“高”点对应着补给区或渗入区，水从地面或其他地层进入砂岩储集层。

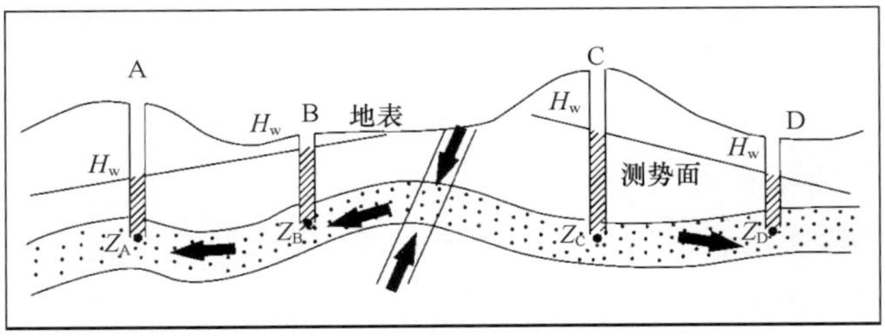

图 8-9　两边发散流动水头高度剖面图
（据 Dahlberg，1982）

编制和分析地下储层的测势面变化图（即等势图）有助于了解地下流体的运动方向、速度以及储层的岩性、物性变化情况等，从而识别地下阻挡层。在平面图上，等势图可以反映地层水的方向、速度和储层的渗透性能等。运动方向为等势线的垂直方向，等势线密集部位一般比等势线稀疏部位的渗透性差（图 8-10）。

利用测势面在推断地层水流动形态及有关性质时，应当特别注意所用的测势面资料的井，是否处于同一水流系统。只有当所研究单元处处完全连通，处于同一水流系统时，用

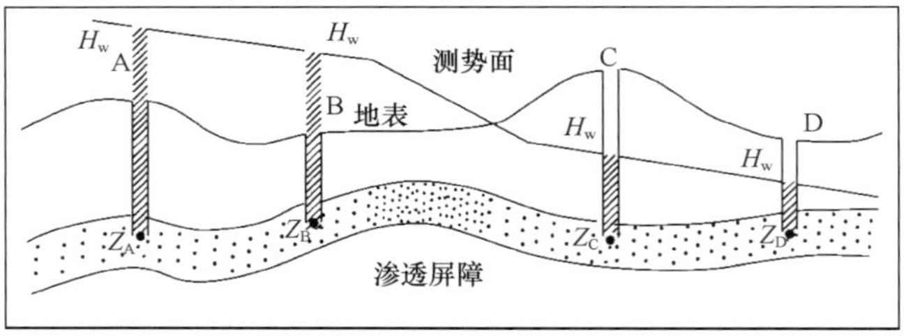

图 8-10 渗透性差异引起等势线疏稀剖面图
（据 Dahlberg，1982）

局部流体势能差来解释单一含水层内流体流动形式才是正确的，如果不是同一水流系统，利用等势面分布判断流体流动方向将会做出错误判断（图 8-11）。

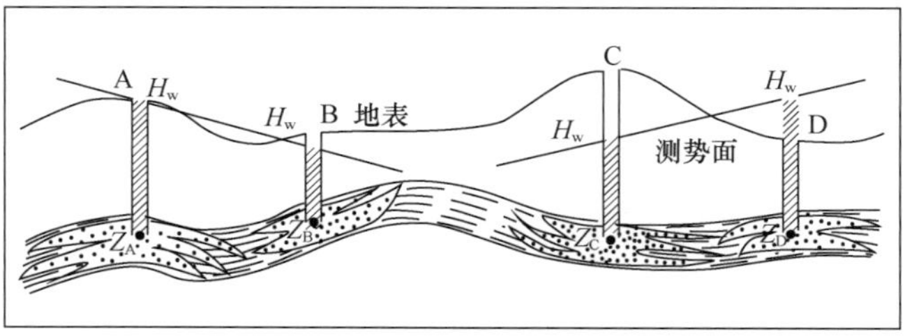

图 8-11 非同一水流系统测势面错误判断水流流向图
（据 Dahlberg，1982）

三、地下流体的力场

在充满流体的地层空间中，流体总是由高势区向低势区运动，因此就必然存在一个处于等势面垂直的指向势梯度负方向的力，并形成一个由力线体系组成的力场。Hubbert（1953）把单位质量流体在力场中受到的力（即负梯度）定义为力场强度（E）：力场强度是一个既有大小又有方向的向量。

$$E = \mathrm{grad}\varphi$$

1. 静水环境中的力场和力场强度

方向垂直向下的是重力，对所有 3 种流体而言，重力都是常数。由于 3 种流体的密度不同，故其单位质量所占的体积不同，单位质量的水、油、气所占的体积将一个比一个大。若 m 为质量，V 为体积，ρ 为密度，因为 $m=\rho\cdot V$，则单位质量流体的体积：$V=1/\rho$。与重力相反的是垂直向上的阿基米德浮力，它与压力梯度和密度（或单位质量流体的体积）有关（图 8-12）。

在静水环境中，水的这两种力是完全平衡的，其力场强度：

$$E_w = g - \mathrm{grad}P/\rho_w = 0$$

$$\text{这时 } \mathrm{grad}P = g\cdot\rho_w$$

$$\text{因此在静水环境中，} E_w = 0$$

对于油的力场强度，由于 $\rho_o<\rho_w$，$\mathrm{grad}P/\rho_w<\mathrm{grad}P/\rho_o$，$\mathrm{grad}P/\rho_o>g$，所以，力的不平衡产生了一个铅直向上的合力 E_o，即油的力场强度，也是单位质量油的净浮力（单

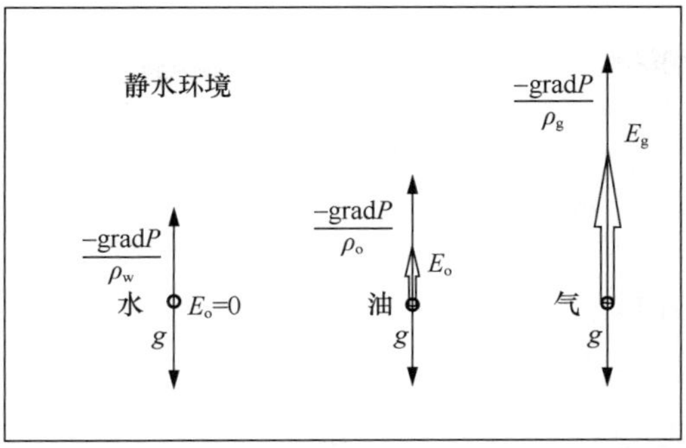

图 8-12　静水环境中水、油、气受力矢量模型图
（据 Dahlberg，1982）

位质量流体的阿基米德浮力 $-\mathrm{grad}P/\rho$）与重力（g）的合力（$g-\mathrm{grad}P/\rho$），其值为

$$E_o = g - \mathrm{grad}P/\rho_o = g - g\rho_w/\rho_o = -(\rho_w - \rho_o)g/\rho_o$$

作用于单位质量气上的力场强度 E_g 是 3 种流体中最大的合力，因为气的密度最小，故其阿基米德浮力最大，其力场强度为

$$E_g = g - \mathrm{grad}P/\rho_g = g - g\rho_w/\rho_g = -(\rho_w - \rho_g)g/\rho_g$$

2. 动水环境中的力场和力场强度

在动力水环境中，作用于单位质量是油、气上的为包括：向上的垂直浮力（$-\mathrm{grad}P/\rho$），向下的重力（g），由左向右的水动力 F_w。在动水环境中，若不考虑毛细管力，则单位质量水、油、气所受到的力（即力场强度）应为其重力、阿基米德浮力和水动力三者的合力（图 8-13）。

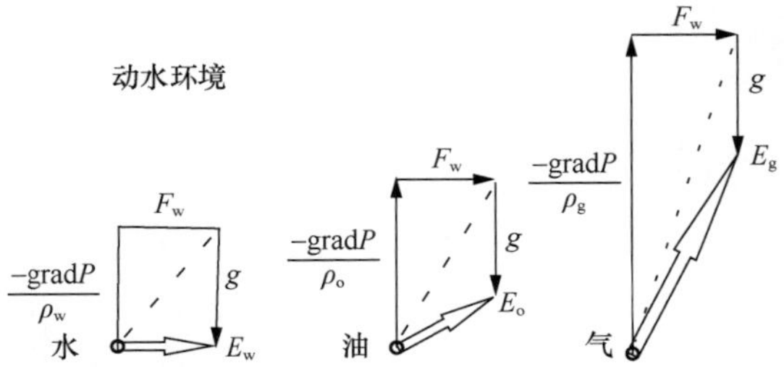

图 8-13　动水环境中水、油、气受力矢量模型图
（据 Dahlberg，1982）

由于油、气的密度比水小，故作用在单位质量油、气所占较大体积 $1/\rho_o$ 和 $1/\rho_g$ 上的水动力面积力（或称表面力）将会增大，动水环境中水的力场强度分别为

$$E_w = g - \mathrm{grad}P/\rho_w + F_w = F_w$$

在水动力作用下，存在不平衡的力，整个地层空间被一系列等势面所划分，流体在势差作用下而流动。以水力和水势表示的作用于单位质量油、气流体上的力和势分别为：

$$E_o = -\left(\frac{\rho_w - \rho_o}{\rho_o}\right) g + \frac{\rho_w}{\rho_o} E_w$$

$$\varphi_o = -\left(\frac{\rho_w - \rho_o}{\rho_o}\right) gZ + \frac{\rho_w}{\rho_o}\varphi_w$$

上面二式的推导是根据：$E_o = g - \frac{1}{\rho_o}\Delta P$，而 $E_w = g - \frac{1}{\rho_w}\Delta P$，从而 $\Delta P = (g - E_w)\rho_w$，将 ΔP 带入 E_o 式即可得到 E_o 等式。

又已知 $\varphi_o = gZ + \frac{P}{\rho_o}$ 而 $\varphi_w = gZ + \frac{P}{\rho_w}$，所以 $P = \rho_w(\varphi_w - gZ)$

将 P 代入 φ_o 式，即可得到上面最终的 φ_o 式。同理，对于气体可以求得：

$$E_g = -\left(\frac{\rho_w - \rho_g}{\rho_g}\right) g + \frac{\rho_w}{\rho_g}E_w$$

$$\varphi_g = -\left(\frac{\rho_w - \rho_g}{\rho_g}\right) gZ + \frac{\rho_w}{\rho_g}\varphi_w$$

与静水条件相比，E_o 和 E_g 增加的值为单位质量水所受到的水动力 F_w 的 ρ_w/ρ_o 和 ρ_w/ρ_g 倍，即 $(\rho_w/\rho_o)F_w$ 和 $(\rho_w/\rho_g)F_w$。而 φ_o 和 φ_g 分别增加了 $\frac{\rho_w}{\rho_o}\varphi_w$ 和 $\frac{\rho_w}{\rho_g}\varphi_w$。这说明在储层水相中携带的油和气受到不平衡力作用，具有不同的势，流动方向和流速不一样，其力场强度的大小和方向均不相同。在地下流体的三维力场空间内，3 种流体将发生分离，按其力场强度方向和大小运动（图 8-14）。

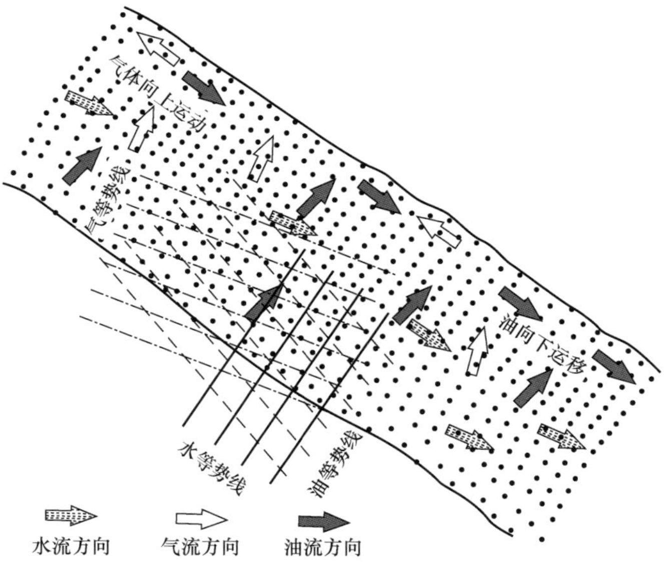

图 8-14 水动力条件下水、油、气差异运移示意图

（据 Dahlberg，1982）

圈闭是石油地质学中一个重要的概念。人们往往把圈闭理解为由储层、盖层和遮挡物三者组成的适于油气聚集的场所。Hubbert（1953）在研究地下流体的势和力场的基础上提出，圈闭应该是储集层中被油气高等势面与非渗透性遮挡面联合封闭而形成的油气低势区。圈闭就是储集层中被多种油气高等势面封闭而形成的油气低势区，即具储集条件的低

烃势闭合区。

图 8-15 显示了静水条件、中等水动力条件和强水动力条件下的同样构造条件下圈闭的变化情况。从图可以看出，静水条件下油气藏圈闭和构造圈闭一致，随着水动力加强，油气藏圈闭与构造圈闭逐渐偏离，当水动力达到一定的强度，在存在构造圈闭的地方，由于水动力条件使之成为非油气藏圈闭，即水动力破坏作用。

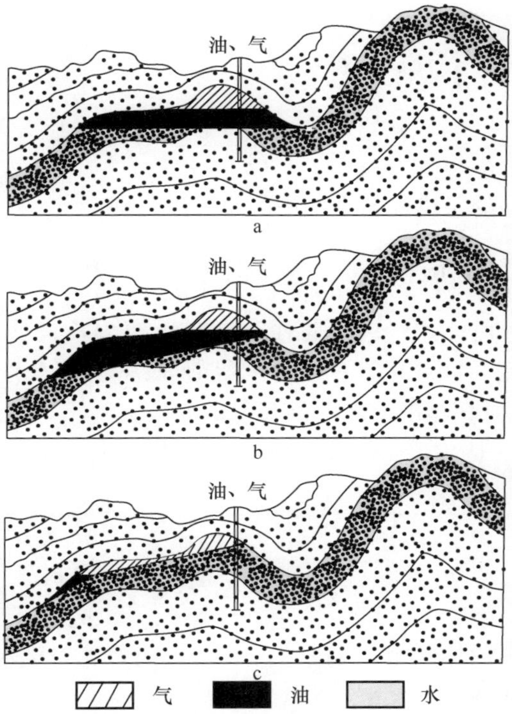

图 8-15　不同水动力条件下油气圈闭与构造圈闭转变关系示意图

（据 Dahlberg，1982）

a—静水条件下；b—中等水动力条件下；c—强水动力条件下

四、UVZ 法则与油气运聚

在地下流体势和力场概念的基础上，Dahlberg（1982）提出了一套通过计算和作图判断地下流体低势区，分析油气运移方向和有利聚集部位的方法，即所谓 UVZ 法则。UVZ 法则就是按有关的地下水流体势计算油与气的势，然后勾绘出油与气势等值线，进而研究油气的二次运移与聚集条件的一种方法。

前面已经推导出以水势表示油势的公式，即：

$$\varphi_o = -\left(\frac{\rho_w - \rho_o}{\rho_o}\right) gZ + \frac{\rho_w}{\rho_o}\varphi_w$$

由此可以看出油相的势是下列 5 个量的函数：

①伴生水的势 φ_w；②油的密度 ρ_o；③水的密度 ρ_w；④基准面上任一点的高度 Z；⑤重力加速度 g。

已知基准面之上至测压水头（H_w）与水势之间的关系为 $\varphi_w = gH_w$，把它们代入上式得：

$$\varphi_o = gH_o = \frac{\rho_w}{\rho_o}gH_w - \frac{\rho_w - \rho_o}{\rho_o}gZ$$

这是以伴生水的水头（H_w）及该油和水的密度来表示的油势，它反映了伴生水所能支撑的油柱高度。

在上式两边乘以 $\frac{\rho_o}{(\rho_w - \rho_o)g}$，可得：

$$\frac{\rho_o}{(\rho_w - \rho_o)}H_o = \frac{\rho_w}{(\rho_w - \rho_o)}H_w - Z$$

为简便起见，用不同的字母代替方程中的每一项，即：

$$U_o = \frac{\rho_o}{\rho_w - \rho_o}H_o；\ V_o = \frac{\rho_w}{\rho_w - \rho_o}H_w$$

这样上式则为：$U_o = V_o - Z$，这就是对于油的 U、V、Z 关系式，其中 U 值与油（或气）势有关，由它可确定油（或气）的一系列等势面，V 值与水势有关，与它一致的表面就代表水的等势面，Z 代表在基准面之上已知点的高度。

$$U = V - Z；\ U_o = V_o - Z；\ U_g = V_g - Z$$

$$U_o = \frac{\rho_o}{\rho_w - \rho_o}H_o；\ U_g = \frac{\rho_g}{\rho_w - \rho_g}H_g；\ U = \frac{\rho_h}{\rho_w - \rho_h}H_h$$

$$V_o = \frac{\rho_w}{\rho_w - \rho_o}H_w；\ V_g = \frac{\rho_w}{\rho_w - \rho_g}H_w；\ V = \frac{\rho_w}{\rho_w - \rho_h}H_w$$

式中：U 为烃势（油对水的势 U_o 和气对水的势 U_g），为烃相对于水的势；V 为水势（水对油的势 V_o 和水对气的势 V_g），为水相对于烃的势。

在某一特定的储层条件下，油气水的密度都是常数，因此 U 和 V 与烃势和水势只差一个由密度比值构成的常数倍数，故用 U 和 V 仍可有效地描述烃和水的势分布。因此，在地下三维空间中，通过相等的 U 值的一组面就是烃的等势面，通过相等的 V 值的一组面就是水的等势面，而 Z 就是构造等高线值。通过 UVZ 公式进行计算和作用，分析地下流体势分布，判断油气低势区，从而确定油气的运移方向和有利的油气聚集空间，这便是所谓的 UVZ 作图法或称 UVZ 法则。

1. 静水环境中的构造圈闭

静水环境中油对水的势 U_o 和气对水的势 U_g 为与构造等高线平行的线（图 8-16），油气沿着垂直于油对水的势 U_o 等值线运动，也即垂直向上运移至构造高点，构造高点为圈闭流体势最低处。

2. 动水环境中的构造圈闭

当储层处于动水环境时，可以利用 UVZ 法则确定在构造条件和流动条件的不同组合情况下油气等势面的取向，从而判断和预测圈闭的有效性。其具体步骤如下：

1）作构造高程剖面图。

2）作水对于油的等势（V_o）剖面，根据已知井的地层压力和密度等值，通过下列公

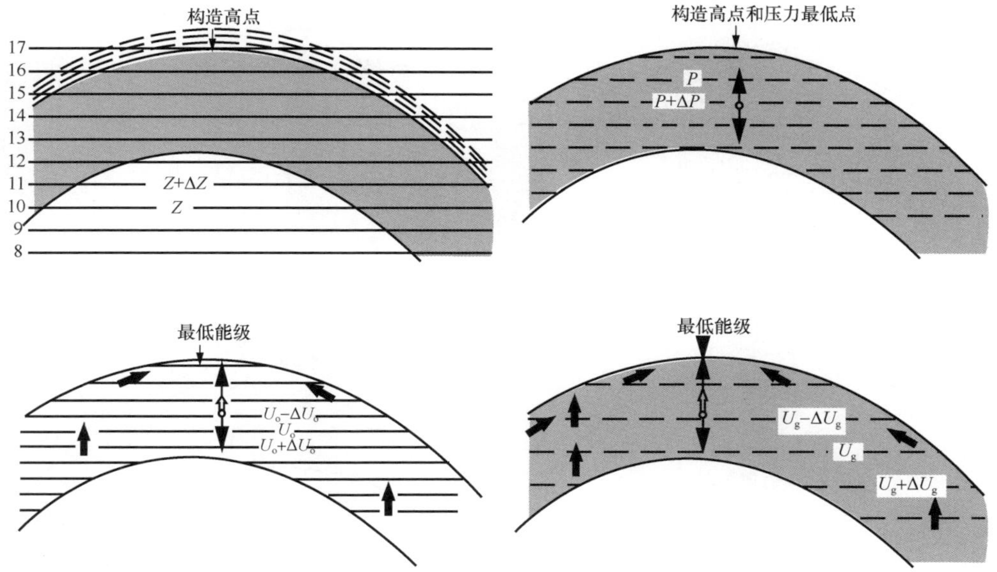

图 8-16　利用 UVZ 法则判断静水环境中的构造圈闭

（据 Dahlberg，1982）

式确定 H_w 和 V_o：

$$H_w = Z + \frac{P}{\rho_w \cdot g}$$

$$V_o = \frac{\rho_w}{\rho_w - \rho_o} H_w$$

已知井之间的 V_o 值，可以用内插法确定。

3）将构造高程剖面图与水对于油的等势（V_o）剖面图叠合起来，并且在每个等势线与高程线的交点处按 $U_o=V_o-Z$ 求得该点的油势值（U_o），则得到油势分布点剖面图（图 8-17）。

4）将等 U_o 点连接为等 U_o 线，便得到等油势剖面图。

由此图可以得出低势区的位置和油的运动路线。应当注意，在这一圈闭中的任何石油聚集都将偏向构造顶部的右侧，而油与运动中的地层水之间的界面是倾斜的，并与图中的等油势面平行。

图 8-18a 表示在相同水动力条件下水对于气的等势（V_g）剖面图，与 V_o 的等值线（图 8-17）相比，等 V_g线较稀，这反映了二者密度的差别，可由 UVZ 公式作出解释。图 8-18b 为天然气等势剖面图 U_g，它表示了气体质点应遵循的运动路线，气的势梯度和气水界面的方位以及倾斜情况。这时流水只能使气藏微偏离构造的顶部。

图 8-19 是把上述两种情况（油和气）结合在一起作出的油气藏剖面图。该图表明，气顶稍微偏离顶部，而油则位于构造翼部。应注意：气水和油水界面是倾斜的，而油气界面则是水平的，因为油气之间没有相对运动。图 8-19 说明水头梯度加大，气的等势面比原来更陡些，不过它并未陡到超过下游背斜翼部地层的倾角，因此仍可聚集于背斜之中。而油的等势面倾角已超过了背斜下游一翼的地层倾角，将不会在背斜中停留。

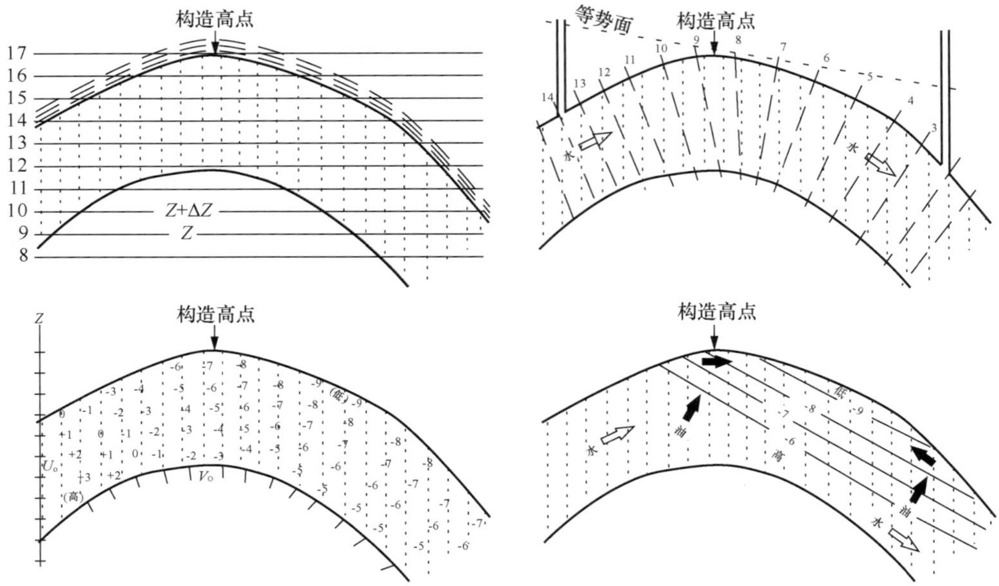

图 8-17　利用 UVZ 法则判断动水环境中的构造圈闭

（据 Dahlberg，1982）

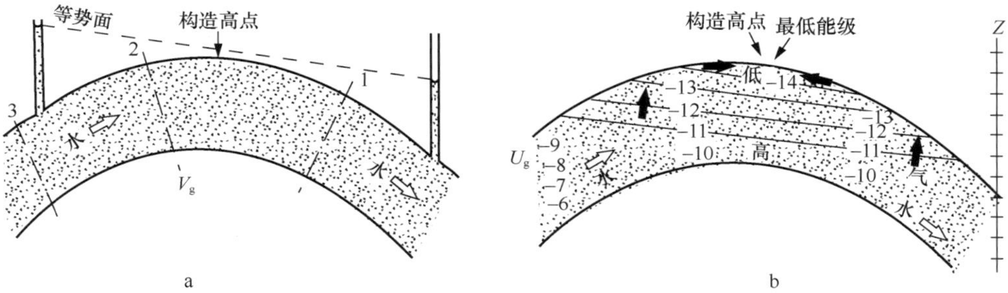

图 8-18　相同水动力条件下水对气的等势剖面图

（据 Dahlberg，1982）

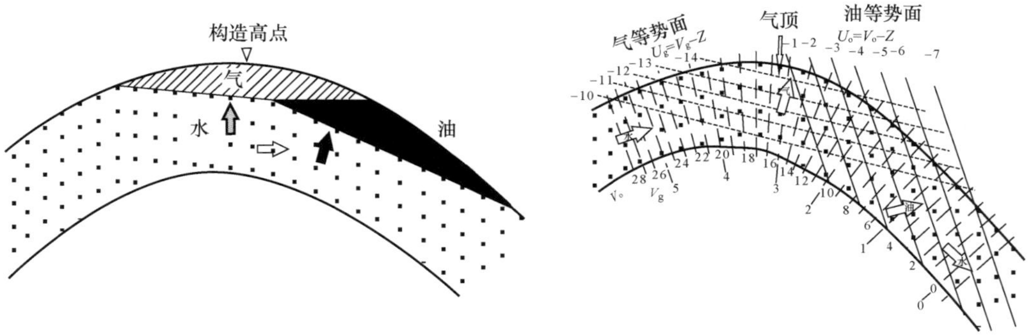

图 8-19　动水环境下油气藏剖面图

（据 Dahlberg，1982）

3. 静水和动水环境中的地层圈闭

均匀的单斜砂岩层，并标有构造高程。这时储层岩性是均匀的，因此不论在静水或动水条件下均无法形成任何圈闭（图 8-20）。

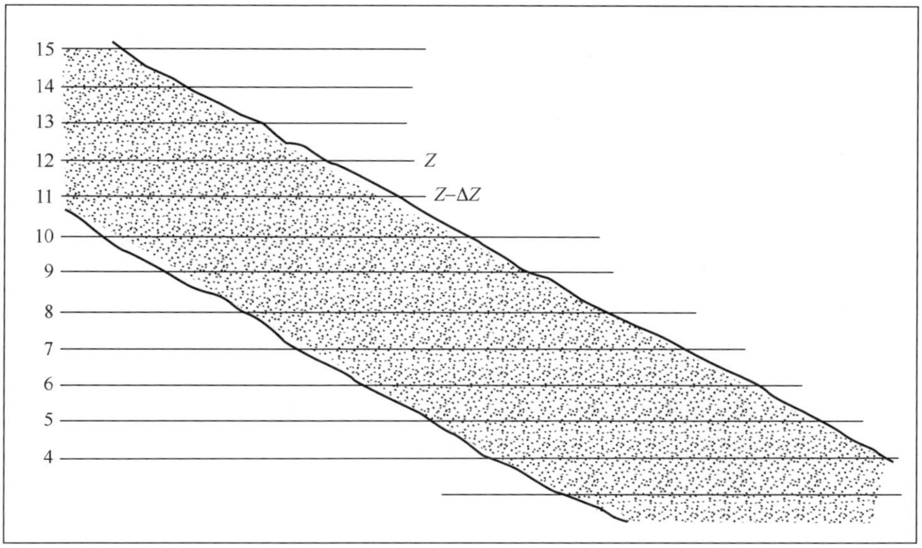

图 8-20 均匀单斜砂岩层无法形成圈闭
（据 Dahlberg，1982）

由于岩性的非均质引起的流速改变可以使油气等势面呈弯曲状，从而在这种单斜地层中形成油气圈闭。单斜砂岩储层剖面，其下倾部分岩石渗透性变差，等水势面产生变化（图 8-21）。油等势面在渗透性变差的地区显著地变陡，以至于使流离状油滴运动更偏离于水流方向（图中黑箭头），从而可能形成油气圈闭。

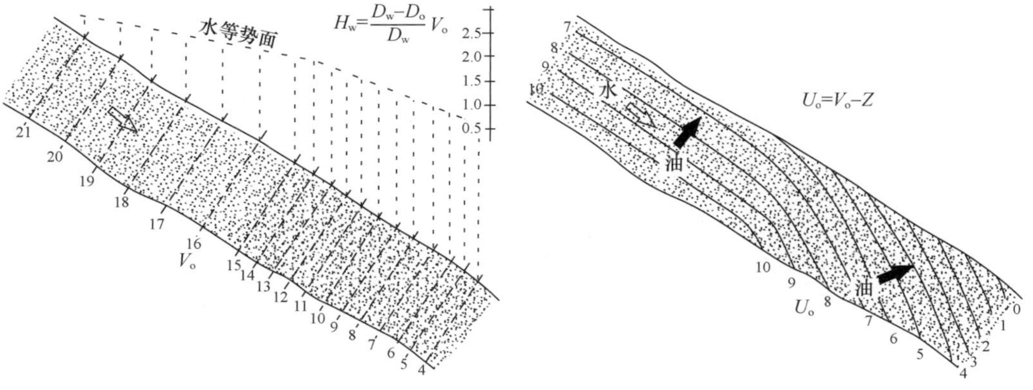

图 8-21 下倾部分渗透性变差的单斜砂岩储层等水势面、油势面图
（据 Dahlberg，1982）

渗透性变差的地区位于储层的上倾部位的水等势面变化的情况如图 8-22。等油势面发生弯曲，向下凸出呈弧形，这时与储层顶面配合就形成了一个油的低势闭合区，即构成了一个圈闭，从而形成了一个新的地层-水动力油藏（岩性-水动力油藏）。

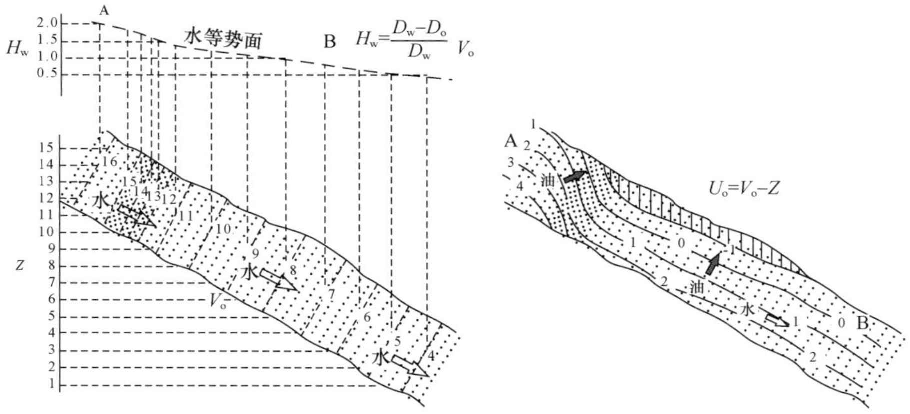

图 8-22　上倾部分渗透性变差的单斜砂岩储层等水势面、油势面图

（据 Dahlberg，1982）

参 考 文 献

包志伟，赵振华. 2000. 有机质在卡林型金矿成矿过程中的作用［J］. 地质科技情报，19（2）：45~50.
曹剑，胡文瑄，姚素平，等. 2007. 准噶尔盆地示踪石油运移的无机地球化学新指标研究［J］. 中国科学D辑，37（10）：1358~1369.
陈繁荣. 1995. 成矿过程流体地球化学模拟及其矿床学意义——以江西银山矿床为例［J］. 地质论评，41（1）：42~47.
陈崇希，唐仲华. 1990. 地下水流动问题数值方法［M］. 武汉：中国地质大学出版社：33~56.
陈文义，朱家蔚，许化政. 1987. 煤成气地质研究［M］. 北京：石油工业出版社.
陈晓智，胡晓兰，邹拓，等. 2008. 盆地流体与油气成藏基本关系［J］. 内蒙古石油化工，(6)：50~52.
陈孝彦，何小社，何晓霞，等. 2004. 天然气水合物生成动力学机理的研究［J］. 西安交通大学学报，38（1）：85~88.
陈学时，易万霞，卢文忠. 2004. 中国油气田古岩溶与油气储层［J］. 沉积学报，22（2）：244~253.
陈中红，查明. 2006. 烃源岩地质色层效应的模拟实验［J］. 地球化学，35（2）：157~166.
戴金星，倪云燕，吴小奇. 2012. 中国致密砂岩气及在勘探开发上的重要意义［J］. 石油勘探与开发，39（3）：257~264.
戴金星，裴锡古，戚厚发. 1996. 中国天然气地质（卷二）［M］. 北京：石油工业出版社.
戴金星，裴锡古，戚厚发. 1992. 中国天然气地质（卷一）［M］. 北京：石油工业出版社.
戴金星. 1979. 成煤作用中形成的天然气和石油［J］. 石油勘探与开发，3：10~17.
戴金星. 1980. 我国煤系地层的含气性初步研究［J］. 石油学报，1（4）：27~37.
范宏瑞，谢奕汉，郑学正，等. 2000. 河南祁雨沟热液角砾岩体型金矿床成矿流体研究［J］. 岩石学报，16（4）：559~563.
费琪. 1997. 成油体系分析与模拟［M］. 武汉：中国地质大学出版社.
冯子辉，廖广志，方伟，等. 2003. 松辽盆地北部西斜坡区稠油成因与油源关系［J］. 石油勘探与开发，30（4）：25~28.
付广，薛永超，付晓飞. 2001. 油气运移疏导系统及其对成藏的控制［J］. 新疆石油地质，22（1）：24~26.
付志新. 2008. 超压对断层垂向封闭作用的定量研究［J］. 大庆石油地质与开发，27（2）：16~20.
高世臣，郑丽辉，邢玉忠. 2008. 辽河盆地太古界变质岩油气储层特征［J］. 石油天然气学报，30（2）：1~4.
高玉巧，刘立. 2003. 岩浆侵入活动对砂岩的改造作用研究简介［J］. 地质科技情报，22（2）：13~16.
龚再升，杨甲明. 1999. 油气成藏动力学及油气运移模型［J］. 中国海上油气：地质，(4)：235~239.
顾家裕，贾进华，方辉. 2002. 塔里木盆地储层特征与高孔隙度、高渗透率储层成因［J］. 科学通报，47（增刊）：9~15.
顾家裕，周兴熙. 2001. 塔里木盆地轮南潜山岩溶及油气分布规律［M］. 北京：石油工业出版社.
关德师，牛嘉玉，郭丽娜，等. 1995. 中国非常规油气地质［M］. 北京：石油工业出版社.
郭丽丽，张卫海，吴刚，等. 2011. 陆相成熟烃源岩区连通砂体对油气运移的控制作用［J］. 地球科学与环境学报，02：159~162.
郭占谦. 2003. 火山活动与油气资源［J］. 新疆石油地质，24（2）：176~179.

郝芳，姜建群，邹华耀，等. 2004. 超压对有机质热演化的差异抑制作用及层次［J］. 中国科学：D 辑，34（5）：443~451.
郝芳，邹华耀，姜建群. 2000. 油气成藏动力学及其研究进展［J］. 地学前缘，7（3）：11~21
郝芳. 2005. 超压盆地生烃作用动力学与油气成藏机理［M］. 北京：科学出版社.
郝石生，陈章明，高耀斌，等. 1995. 天然气藏的形成和保存［M］. 北京：石油工业出版社：142~170.
胡见义，牛嘉玉. 1994. 中国重油沥青资源的形成与分布［J］. 石油与天然气地质，15（2）：105~112.
胡明安. 1997. 地质热事件—有机质—金属成矿作用的联系［J］. 地质科技情报，16（2）：67~72.
胡明安. 2000. 低温成矿系列中生物有机质的矿床学意义［J］. 地球科学——中国地质大学学报，25（4）：375~379.
胡守志，张冬梅，唐静，等. 2009. 稠油成因研究综述［J］. 地质科技情报，28（2）：94~97.
胡文瑄，金之钧，张义杰，等. 2006. 油气幕式成藏的矿物学和地球化学记录——以准噶尔盆地西北缘油藏为例［J］. 石油与天然气地质，27（4）：442~450.
贾承造，郑民，张永峰. 2012. 中国非常规油气资源与勘探开发前景［J］. 石油勘探与开发，39（2）：129~137.
江怀友，乔卫杰，钟太贤，等. 2008. 世界天然气水合物资源勘探开发现状与展望［J］. 中国能源，13（6）：19~25.
姜素华，曾溅辉，李涛，等. 2005. 断层面形态对中浅层石油运移影响的模拟实验研究［J］. 中国海洋大学学报，35（2）：245~248.
蒋裕强，董大忠，漆麟，等. 2009. 页岩气储层的基本特征及其评价［J］. 天然气工业，30（10）：7~12.
焦大庆，梁志刚，王长青，等. 1998. 含油气盆地流体演化研究［M］. 石油工业出版社.
金之钧，朱东亚，胡文瑄，等. 2006. 塔里木盆地热液活动地质地球化学特征及其对储层影响［J］. 地质学报，80（2）：245~253.
康永尚，郭黔杰. 1998. 论油气成藏流体动力系统［J］. 地球科学：中国地质大学学报，23（3）：281~284.
康永尚，张一伟. 1999. 油气成藏流体动力学［M］. 北京：地质出版社.
匡立春，薛新克，邹才能，等. 2007. 火山岩岩性地层油藏成藏条件与富集规律——以准噶尔盆地克-百断裂带上盘石炭系为例［J］. 石油勘探与开发，34（3）：285~290.
黎茂稳. 2000. 油气二次运移研究的基本思路和几个应用实例［J］. 石油勘探与开发，27（4）：11~19.
李国蓉，刘树根，宋来明，等. 2009. 西昌盆地东吴期深部热液作用及其对志留系碳酸盐岩储层的改造［J］. 矿物岩石，（4）：60~65.
李明潮，梁生正，起克镜. 1996. 煤层气及其勘探开发［M］. 北京：地质出版社.
李明诚，李剑，万玉金，等. 2001. 沉积盆地中的流体［J］. 石油学报，22（4）：13~17.
李明诚. 2000. 石油与天然气运移研究综述［J］. 石油勘探与开发，27（4）：9~22.
李明诚. 2004. 油气运移基础理论与油气勘探［J］. 地球科学：中国地质大学学报，04：379~383.
李明诚. 2013. 石油与天然气运移［M］. 石油工业出版社.
李胜荣，邵克忠. 1991. 河南嵩县祁雨沟金矿床石英流体包裹体标型［J］. 现代地质，5（4）：415~422.
李胜祥，欧光习，蔡煜琦，等. 2005. 盆地流体与铀成矿作用［J］. 世界核地质科学，22（1）：24~30.
李思田，王华，陆风香. 1999. 盆地动力学——基本思路与若干研究方法［M］. 武汉：中国地质大学出版社.
李思田. 1995. 沉积盆地的动力学分析——盆地研究领域的主要趋向［J］. 地学前缘，2（3）：1~8.
李伟，赵克斌，刘崇禧. 2008. 含油气盆地水文地质研究［M］. 北京：地质出版社.
李延河. 1998 同位素示踪技术在地质研究中的某些应用［J］. 地学前缘，5（2）：275~281.
李永峰，毛景文，胡华斌，等. 2005. 豫西公峪金矿床流体包裹体及其 He、Ar、S、H、O 同位素组成对成矿流体来源的示踪［J］. 岩石学报，21（5）：1347~1358.
李忠兴，王永康，万晓龙，等. 2006. 复杂致密油藏开发的关键技术［J］. 低渗透油气田，11（3）60~64.
刘丛强. 流体作用地质地球化学［C］//欧阳志远. 1998. 世纪之交矿物学岩石学地球化学的回顾与展望. 北京：原子能出版社，284~289.
刘德汉，卢焕章，肖贤明. 2007. 油气包裹体及其在石油勘探和开发中的应用［M］. 广州：广东科技出版社.
刘洪林，王红岩，赵国良，等. 2005. 燕山期构造热事件对太原西山煤层气高产富集影响［J］. 天然气工业，25（1）：29~32.
刘建明，谭俊，储雪蕾，等. 1998. 沉积盆地中的成油与成矿：盆地流体作用的两个方面［C］//寸丹集——庆贺刘光鼎院士工作 50 周年学术论文集.
刘建明，叶杰，刘家军，等. 2000. 论盆地流体成矿/成烃作用的耦合关系［J］. 矿物岩石地球化学通报，19（3）：164~171.
刘建明，叶杰，刘家军，等. 2000. 盆地流体及其成矿作用［J］. 矿物岩石地球化学通报，19（2）：85~94.
刘建明. 2000. 沉积盆地动力学与盆地流体成矿［J］. 矿物岩石地球化学通报，19（2）：76~84.
刘招君，柳蓉. 2005. 中国油页岩特征及开发利用前景分析［J］. 地学前缘，12（9）：315~323.
柳少波，顾家裕. 1997. 包裹体在石油地质研究中的应用与问题讨论［J］. 石油与天然气地质，18（4）：326~331，342.
楼章华，姚炎明，金爱民，等. 2002. 松辽盆地地下流体地球化学特征研究［J］. 矿物学报，22（4）：343~349.
卢焕章，范宏瑞，倪培，等. 2004. 流体包裹体［M］. 北京：科学出版社.
卢双舫. 1996. 有机质成烃动力学理论及其应用［M］. 北京：石油工业出版社.
罗晓容. 2008. 油气成藏动力学研究之我见［J］. 天然气地球科学，19（2）：149~156.
马东民. 2003. 煤储层的吸附特征实验综合分析［J］. 北京科技大学学报，8（4）：291~294.
毛景文，魏家秀. 2000. 大水沟碲矿床流体包裹体的 He、Ar 同位素组成及其示踪成矿流体的来源［J］. 地球学报：中国地质科学院院报，21（1）：58~61.
闽琪. 1998. 低渗透油气田研究与实践［M］. 北京：石油工业出版社.
聂逢君，夏菲，姜美珠. 2007. 盆地中热流体-岩石相互作用研究概述［J］. 东华理工学院学报，30（2）：137~143.
聂海宽，唐玄，边瑞康. 2009. 页岩气成藏控制因素及中国南方页岩气发育有利区预测［J］. 石油学报，30（4）：484~491.
牛嘉玉，刘尚奇，门存贵，等. 2000. 稠油资源地质与开发利用［M］. 北京：科学出版社.
彭明生，梁金龙，李迪恩，等. 1998. 世纪之交工艺矿物学的发展与展望［C］. //欧阳志远. 世纪之交矿物学岩石学地球化学的回顾与展望. 北京：原子能出版社，7~14.
钱家麟，王剑秋，李术元. 2006. 世界油页岩综述［J］. 中国能源，28（8）：16~19.
单俊峰. 2008. 变质岩古潜山内幕油藏成藏因素及勘探技术［J］. 特种油气藏，15（5）：20~23.
沈平，徐永昌. 1991. 气源岩和天然气地球化学特征及成气机理研究［M］. 兰州：甘肃科学技术出版社，166~176.
施继锡，李本超，傅家谟，等. 1987. 有机包裹体及其与油气的关系［J］. 中国科学：化学 生物学 农学 医学 地学，17（3）：318~326.
史婷婷，成建梅，解习农，等. 2012. 松辽盆地北部地层水同位素特征及其地质意义［J］. 沉积学报，20（2）：399~404.
宋光永，刘树根，黄文明，等. 2009. 川东南丁山-林滩场构造灯影组热液白云岩特征［J］. 成都理工大学学报：自然科学版，36（6）：706~715.
宋岩，姜林，马行陟. 2013. 非常规油气藏的形成及其分布特征［J］. 古地理学报，1（5）：605~614.
苏爱国，向龙斌. 2000. 相控和气洗分馏作用对油气组分及碳同位素组成的影响［J］. 地球化学，29（6）：549~555.
苏爱国，张水昌，韩德馨，等. 2004. PVT 分馏实验中链状烷烃分子的行为［J］. 沉积学报，22（2）：354~358.
苏喜立，唐书恒. 1999. 煤层气的赋存运移机理及产出特征［J］. 河北建筑科技学院学报，16（3）：67~71.
苏现波，林晓英. 2009. 煤层气地质学［M］. 北京：煤炭工业出版社.
孙晓明，王敏，薛婷，等. 2004. 流体包裹体中微量气体组成及其成矿示踪体系研究新进展［J］. 地学前缘，11（2）：471~478.
孙永河，付晓飞，吕延防，等. 2007. 地震泵抽吸作用与油气运聚成藏物理模拟［J］. 吉林大学学报：地球科学版，37（1）：98~104.
陶士振，邹才能，王京红，等. 2011. 关于一些油气藏概念内涵、外延及属类辨析［J］. 天然气地球科学，22（4）：571~575.
田世澄，陈永进，张兴国，等. 2001. 论成藏动力系统中的流体动力学机制［J］. 地学前缘，8（4）：329~336.
汪蕴璞，赵宝忠，张金来. 1987. 油田古水文地质与水文地球化学［J］. 北京：科学出版社.
王崇，袁峰，贾蔡，等. 2012. 庐枞盆地泥河铁矿床叠加蚀变带水岩反应数值模拟［J］. 现代矿业，7：47~50.
王大纯，张人权，史毅红. 1986. 水文地质学基础［M］. 北京：地质出版社.
王涛，刘淑文，隗合明，等. 2004. 热水沉积矿床研究的现状与趋势［J］. 地球科学与环境学报，26（4）：6~10.
王新洲，宋一涛，王学军. 1996. 石油成因与排油物理模拟［M］. 东营：石油大学出版社.
王震亮. 盆地流体动力学及油气运移研究进展［J］. 石油实验地质，2002，24（2）：99~103.
维索茨基（Высодкий，И. В.）. 1986. 天然气地质学［M］. 戴金星等，译. 北京：石油工业出版社.
吴冲龙，刘海滨，毛小平，等. 2001. 油气运移和聚集的人工神经网络模拟［J］. 石油实验地质，23（2）：203~212.
吴楠，蔡忠贤，杨海军，等. 2009. 轮南低凸起气洗作用响应及定量评价［J］. 地球科学：中国地质大学学报，（3）：486~492.
伍友佳，刘达林. 2004. 中国变质岩火山岩油气藏类型及特征［J］. 西南石油学院学报，26（4）：1~4.
夏林，徐启东，吕古贤，等. 2003. 铜山口铜（铝）矿床成矿流体水-岩反应数值模拟［J］. 地质地球化学，31（3）：40~46.
夏新宇，宋岩. 2001. 构造抬升对地层压力的影响及克拉 2 气田异常压力成因［J］. 天然气工业，21（1）：30~34.
向才富，陆友明，李军虹. 2007. 松辽盆地西部斜坡带稠油特征及其成因探讨［J］. 地质学报，81（2）：255~260.
解习农，李思田，刘晓峰. 2006. 异常压力盆地流体动力学［M］. 武汉：中国地质大学出版社.
解习农，成建梅，孟元林. 2009. 沉积盆地流体活动及其成岩响应［J］. 沉积学报，27（5）：863~871.
解习农，王明君，李思田. 1999. 盆地流体模拟在石油勘探中的应用——以莺-琼盆地为例［J］. 地学前缘，6（S1）：8.
解习农，王增明. 2003. 盆地流体动力学及其研究进展［J］. 沉积学报，21（1）：19~23.
徐庆鸿，陈远荣，毛景文，等. 2005. 有机烃在预测隐伏金矿床中的应用及其成因探索［J］. 地质论评，

51（5）：583~590.
许浩，汤达祯，尹微，等. 2006. 含油气系统中流体地质作用及其油气地质意义［J］. 油气地质与采收率，13（2）：39~42.
许化政. 1991. 东濮凹陷致密砂岩气藏特征的研究［J］. 石油学报，12（1）：1~28.
薛建玲，李胜荣，孙文燕，等. 2013. 胶东邓格庄金矿床流体包裹体氦、氩同位素组成及其成矿物质来源示踪［J］. 吉林大学学报（地球科学版），43（2）：400~414.
杨殿军. 2008. 超压对泥岩盖层封闭各种相态天然气的作用研究［J］. 大庆石油地质与开发，27（2）：12~15.
杨海军，李开开，潘文庆，等. 2012. 塔中地区奥陶系埋藏热液溶蚀流体活动及其对深部储层的改造作用［J］. 岩石学报，28（3）：783~792.
杨起，汤达祯. 2000. 华北煤变质作用对煤含气量和渗透率的影响［J］. 地球科学：中国地质大学学报，25（3）：273~277.
杨起，吴冲龙. 1996. 中国煤变质作用［J］. 地球科学：中国地质大学学报，21（3）：311~319.
应凤祥，罗平，何东博，等. 2004. 中国含油气盆地碎屑岩储集层成岩作用与成岩数值模拟［M］. 石油工业出版社.
应凤祥. 2004. 中国含油气盆地碎屑岩储集层成岩作用与成岩数值模拟［M］. 北京：石油工业出版社.
游君君，叶松青，刘招君，等. 2004. 油页岩的综合开发与利用［J］. 世界地质，13（3）：261~265.
袁道先，朱德浩，翁金桃. 1987. 中国岩溶学［M］. 北京：科学出版社.
袁政文，朱家蔚，王生朗，等. 1990. 东濮凹陷沙河街组天然气储层特征及分类［J］. 天然气工业，10（3）：6~11.
曾溅辉，王捷，等. 2003. 油气运移机理及物理模拟［M］. 北京：石油工业出版社，126~131.
张方吼. 1982. 松辽盆地坳陷建造生油特征［J］. 大庆油田，（Z1）：157~167.
张金川，金之钧，袁明生. 2004. 页岩气成藏机理和分布［J］. 天然气工业，24（7）：15~18.
张金川，林腊梅，李玉喜，等. 2012. 页岩油分类与评价［J］. 地学前缘，19（5）：322~331.
张军涛，吴世祥，李宏涛，等. 2011. 川东南志留系泥岩盖层水岩相互作用的实验模拟及其研究意义［J］. 石油实验地质，33（1）：96~99.
张连昌，沈远超，李厚民，等. 2002. 胶东地区金矿床流体包裹体的He、Ar同位素组成及成矿流体来源示踪［J］. 岩石学报，18（4）：559~565.
张敏，张俊. 2000. 水洗作用对油藏中烃类组成的影响［J］. 地球化学，29（3）：287~292.
张照录，王华，杨红. 2000. 含油气盆地的输导体系研究［J］. 石油与天然气地质，21（2）：133~135.
张枝焕，常象春. 1998. 水-岩相互作用研究及其在石油地质中的应用. 地质科技情报，17（3）：69~74.
赵靖舟. 2012. 非常规油气有关概念、分类及资源潜力［J］. 天然气地球科学，23（3）：393~406.
赵隆业，陈基娘，王天顺. 1991. 油页岩定义和煤、油页岩界线的讨论［J］. 煤田地质与勘探，（1）：15~16.
赵志忠，邱亮斌. 1997. 流体地质作用的构造效应［J］. 大地构造与成矿学，21（1）：62~69.
郑永飞，陈江峰. 2000. 稳定同位素地球化学［M］. 北京：科学出版社.
周涛发，袁峰，岳书仓，等. 2002. 安徽月山矿田夕卡岩型矿床形成的水岩作用［J］. 矿床地质，21（1）：1~9.
周作侠. 1993. 华北地台南缘金（钼）矿床成因. 北京：地震出版社，197~206.
朱抱荃，程中第，应凤祥. 1996. 地层干酪根有机酸与储层次生孔隙的关系［J］. 石油实验地质，18（2）：206~215.
朱国华，章卫平. 1993. 煤系地层砂岩成岩作用和孔隙演化研究——以长广地区龙潭组为例［J］. 石油勘探与开发，20（1）：39~47.

朱赖民，张国伟，郭波，等. 2009. 华北地块南缘钼矿床黄铁矿流体包裹体氦、氩同位素体系及其对成矿动力学背景的示踪［J］. 科学通报，54（12）：1725～1735.

朱扬明. 1999. 流体包裹体在油气勘探中的应用［J］. 勘探家：石油与天然气，4（4）：29～32.

邹才能，董大忠，王社教，等. 2010. 中国页岩气形成机理、地质特征及资源潜力［J］. 石油勘探与开发，37（6）：641～652.

邹才能，陶士振，侯连华，等. 2011. 非常规油气地质［M］. 北京：地质出版社.

邹才能，陶士振，杨智，等. 2012a. 中国非常规油气勘探与研究新进展［J］. 矿物岩石地球化学通报，31（4）：312～322.

邹才能，陶士振，袁选俊，等. 2009a. 连续型油气藏形成条件与分布特征［J］. 石油学报，30（3）：324～331.

邹才能，陶士振，袁选俊，等. 2009c. "连续型"油气藏及其在全球的重要性：成藏、分布与评价［J］. 石油勘探与开发，36（6）：669～682.

邹才能，陶士振，朱如凯，等. 2009b. "连续型"气藏及其大气区形成机制与分布——以四川盆地上三叠统须家河组煤系大气区为例［J］. 石油勘探与开发，36（3）：307～319.

邹才能，杨智，陶士振，等. 2012c. 纳米油气与源储共生型油气聚集［J］. 石油勘探与开发，39（1）：13～26.

邹才能，杨智，张国生，等. 2014. 常规-非常规油气"有序聚集"理论认识及实践意义［J］. 石油勘探与开发，41（1）：14～27.

邹才能，朱如凯，吴松涛，等. 2012b. 常规与非常规油气聚集类型、特征、机理及展望——以中国致密油和致密气为例［J］. 石油学报，33（2）：173～187.

Albbecht P, Ourisson G. 1969. Diagénèse des hydrocarbures saturés dans une série sédimentaire épaisse (Douala, Cameroun) [J]. Geochimica et Cosmochimica Acta, 33 (1): 138～142.

Albrecht P, Ourisson G. 1969. Triterpene alcohol isolation from oil shale [J]. Science, 166: 1192～1193.

Allen P A, Allen J R. 2005. Basin analysis: Principles and applications (second edition) [M]. Oxford: Oxford Press.

Allen P A, Allen J R. 1990. Basin Analysis: Principles and ApplicationsBlackwell [M]. Great Britain.

Allen R M, Nolet G, Morgan W J, et al. 2002. Plume - driven plumbing and crustal formation in Iceland [J]. Journal of Geophysical Research: Solid Earth, 107 (B8).

Ayers W B. 2002. Coalbed gas systems, resources, and production and a review of contrasting cases from the San Juan and Powder River basins [J]. AAPG Bulletin, 86 (11): 1853～1890.

Ballentine C J, O'Nions R K, Coleman M L. 1996. A Magnus opus: Helium, neon, and argon isotopes in a North Sea oilfield [J]. Geochimica Et Cosmochimica Acta, 60 (5): 831～849.

Barker C. 1990. Calculated volume and pressure changes during the thermal cracking of oil to gas in reservoirs [J]. AAPG Bulletin, 74 (8): 1254～1261.

Barnaby R J, Oetting G C, Gao G. 2004. Strontium isotopic signatures of oil-field waters: Applications for reservoir characterization [J]. AAPG Bulletin, 88 (12): 1677～1704.

Belitz K, Bredehoeft J D. 1988. Hydrodynamics of Denver Basin: Explanation of subnormal fluid pressures [J]. AAPG Bulletin, 72 (11): 1334～1359.

Bethke C M, Reed J D, Oltz D F. 1991. Long-Range Petroleum Migration in the Illinois Basin (1) [J]. AAPG Bulletin, 75 (5): 925～945.

Bjorlykke K, Mo A, Palm E. 1988. Modelling of thermal convection in sedimentary basins and its relevance to diagenetic reactions [J]. Marine and Petroleum Geology, 5 (4): 338～351.

Bjørlykke K, Gran K. 1994. Salinity variations in North Sea formation waters: Implications for large-scale fluid movements [J]. Marine and Petroleum Geology, 11 (1): 5~9.

Bradbury H J, Woodwell G R. 1987. Ancient fluid flow within foreland terrains [J]. Geological Society, London, Special Publications, 34 (1): 87~102.

Braun R L, Burnham A K. 1987. Analysis of chemical reaction kinetics using a distribution of activation energies and simpler models [J]. Energy and Fuels, 1 (2): 153~161.

Burley S D. 2000. Clarke S, Dodds A, et al. New insights on petroleum migration from the application of 4D basin modelling in oil and gas exploration [J]. Journal of Geochemical Exploration. 69-70 (9): 465~470.

Burst J F. 1969. Diagenesis of Gulf Coast clayey sediments and its possible relation to petroleum migration [J]. Bull Am. Assoc. Petrol. Geologists, 53: 73~93.

Cai C, Franks S G, Aagaard P. 2001. Origin and migration of brines from Paleozoic strata in Central Tarim, China: constraints from $^{87}Sr/^{86}Sr$, δD, $\delta^{18}O$ and water chemistry [J]. Applied Geochemistry, 16 (9): 1269~1284.

Chapman R E. 1982. Effects of oil and gas accumulation on water movement: Geologic Notes [J]. AAPG Bulletin, 66 (3): 368~374.

Chapman R E. 1983. Petroleum Geology [M]. Elsevier Science Publishing Company, Inc.

Chatzis I, Dullien F A L. 1983. Dynamic immiscible displacement mechanisms in pore doublets: Theory versus. experiments [J]. Journal of Colloids and Interface Science, 91 (1): 199~222.

Chilingar G V, Serebryakov V A, Katz S A, et al. 2002. Methods of estimating and predicting abnormal rormation pressures [J]. Developments in petroleum science, 50: 123~150.

Cooper J R, Crelling J C, Rimmer S M, et al. 2007. Coal metamorphism by igneous intrusion in the Raton Basin, CO and NM: implications for generation of volatiles [J]. International Journal of Coal Geology, 71 (1): 15~27.

Corbet T F, Bethke C M. 1992. Disequilibrium fluid pressures and groundwater flow in the Western Canada sedimentary basin [J]. Journal of Geophysical Research: Solid Earth (1978-2012), 97 (B5): 7203~7217.

Coustau H. 1977. Formation waters and hydrodynamics [J]. Journal of Geochemical Exploration, 7 (2): 213~241.

Cox S F. 1995. Faulting processes at high fluid pressures: an example of fault valve behavior from the Wattle Gully Fault, Victoria, Australia [J]. Journal of Geophysical Research, 100 (1001): 12841~12860.

Criss R E, Gregory R T, Taylor H P. 1987. Kinetic theory of oxygen isotopic exchange between minerals and water [J]. Geochimica Et Cosmochimica Acta, 51 (5): 1099~1108.

Curiale J A, Frolov E B. 1998. Occurrence and origin of olefins in crude oils. Acritical review [J]. Organic Geochemistry, 29: 397~408.

Dahlberg E C. 1982. Applied hydrodynamics in petroleum exploration [M]. New York: Springer-Verlag, 161

Daines S R. 1982. Aquathermal Pressuring and Geopressure Evaluation: GEOLOGIC NOTES [J]. AAPG Bulletin, 66 (7): 931~939.

Davies G R, Smith Jr L B. 2006. Structurally controlled hydrothermal dolomite reservoir facies: An overview [J]. AAPG Bulletin, 90 (11): 1641~1690.

Davison I, Alsop G I, Evans N G, et al. 2000. Overburden deformation patterns and penetration mechanisms of salt diapirs in the Central Graben, North Sea [J]. Marine and Petroleum Geology, 17: 601~ 618.

Davisson M L, Criss R E. 1996. Na-Ca-Cl relations in basinal fluids [J]. Geochimica Et Cosmochimica Acta, 60 (15): 2743~2752.

Dickinson G. 1953. Geological aspects of abnormal reservoir pressures in Gulf Coast Louisiana [J]. AAPG Bulletin, 37 (2): 410~432.

Dobrynin V, Serebryakov V A. 1989. Geological geophysical methods for prediction of pressure anomalies [J]. Nedra, Moscow, 287.

Emery D, Robinson A. 2009. Inorganic geochemistry: application to petroleum geology [M]. London: Blackwell Scientific Publications.

England W A, Mackenzie A S, Mann D M, et al. 1987. The movement and entrapment of petroleum fluids in the subsurface [J]. Journal of the Geological Society, 144 (2): 327~347.

England W A. 1990. The organic geochemistry of petroleum reservoirs [J]. Organic Geochemistry, 16 (1): 415~425.

Espitalie J, Laporte J L, Madec M, et al. 1977. Rapid method for source rock characterization, and for determination of their petroleum potential and degree of evolution [J]. Revue de l´Institut Francais du Petrole et Annales des Combustibles Liquides, 32 (1): 23~42.

Espitalie J, Ungerer P, Irwin I, et al. 1988. Primary cracking of kerogens. Experimenting and Modeling C_1, C_2-C_5, C_6-C_{15} and C_{15+} Classes of Hydrocarbons Formed [J]. Org. Geochem, 13: 893~899.

Espitalié J, Laporte J L, Madec M, et al. 1977. Méthode rapide de caractérisation des roches mètres, de leur potentiel pétrolier et de leur degré d'évolution [J]. Oil and Gas Science and Technology, 32 (1): 23~42.

Fatt I. 1958. Pore volume compressibilities of sandstone reservoir rocks [J]. Journal of Petroleum Technology, 10 (03): 64~66.

Flemings P B, Lupa J A. 2004. Pressure prediction in the Bullwinkle Basin through petrophysics and flow modeling (Green Canyon 65, Gulf of Mexico) [J]. Marine and petroleum geology, 21 (10): 1311~1322.

Forbes P L. 1991. Compositional modeling of petroleum generation and expulsion: Trial application to a local mass balance in the Smorbukk Sor field, Haltenbanken areas, Norway [J]. AAPG Bulletin, 75 (5): 873~893.

Garven G. 1995. Continental-scale groundwater flow and geologic processes [J]. Annual Review of Earth and Planetary Sciences, 23: 89~118.

Gautier D L, Dolton G L, Takahashi K I, et al. 1995. National assessment of United States oil and gas resources-results, methodology, and supporting data: U. S [C]. Geological Survey Digital Data Series DDS-30, 1 CD-ROM.

Gouze P, Coudrain-Ribstein A. 2002. Chemical reactions and porosity changes during sedimentary diagenesis [J]. Applied Geochemistry, 17 (1): 39~47.

Gurba L W, Weber C R. 2001. Effects of igneous intrusions on coalbed methane potential, Gunnedah Basin, Australia [J]. International Journal of Coal Geology, 46 (2): 113~131.

Haack U, Gohn E, Hartman O. 1983. Radiogenic heat generation in Damaran rocks [M]. Evolution of the Damara Orogen of south west Africa/Namibia. Geol. Soc. S. Afr.

Hao F, Sun Y C, Li S T , et al. 1995. Overpressure retardation of organic-matter maturation and petroleum generation: A case study from the Yinggehai and Qiongdongnan Basins, South China Sea [J]. AAPG Bulletin, 79 (4): 551~562.

Hindle A D. 1997. Petroleum migration pathways and charge concentration: A three-dimensional model [J]. AAPG Bulletin .. 81 (8) : 1451~1481.

Holditch S A. 2006. Tight gas sands [J]. Journal of Petroleum Technology, 84~96.

Hood S D, Nelson C S, Kamp P J J. 2003. Modification of fracture porosity by multiphase vein mineralization in an Oligocene nontropical carbonate reservoir, Taranaki Basin, New Zealand [J]. AAPG Bulletin, 87 (10): 1575~1597.

Hooper E C D. 1991. Fluid migration along growth fault in compacting sediments [J]. Journal of Petroleum Geology, 14: 161~180.

Hovland M, Gardner J V, Judd A G. 2002. The significance of pockmarks to understanding fluid flow processes and geohazards [J]. Geofluids, 2 (2): 127~136.

Hubbert M K. 1953. Entrapment of petroleum under hydrodynamic conditions [J]. AAPG Bulletin, 37 (8): 1954~2026.

Hunt J M, Whelan J K, Eglinton L B, et al. 1998. Relation of Shale Porosities, Gas Generation, and Compaction to Deep Overpressures in the US Gulf Coast [J]. AAPG Memoir, 70: 87~104.

Hunt J M. 1990. Generation and Migration of Petroleum from Abnormally Pressured Fluid Compartments [J]. AAPG Bulletin, 74 (1): 1~12.

Jeffrey A C, John A M, Robert A C, et al. 2004. Probabilistic assessment of precipitation-triggered landslide using historical records of landslide occurrence, Seattle, Washington [J]. Environmental & Engineering Geoscience, X (2): 103~122.

Jennifer M M, Richard H W, Alastair H R. 2011. Contact diagenesis: The effect of an intrusion on reservoir quality in the Triassic Sherwood sandstone group, Northern Ireland [J]. Journal of Sedimentary Research, 71 (3): 484~495.

Kazemi H. 1982. Low-permeability gas sands [J]. Journal of Petroleum Technology, 34 (10): 2229~2232.

Kharaka Y K, Gunter W D, Aggarwal P K, et al. 1988. SOLMIN88: A computer program for geochemical modeling of water-rock interaction [J]. U. S. Geol. Surv., Water-Resour. Invest. Rep: 88~4227.

Schmoker J W. 1999. The contribution of giant fields to United States oil production and reserves [J].

Klein M L, Bartley T D, Davis J M, et al. 1990. Isolation and structural characterization of three isoforms of recombinant consensus α interferon [J]. Archives of Biochemistry and Biophysics, 276 (2): 531~537.

Kupecz J A, Gluyas J, Bloch S. 1997. Reservoir quality prediction in sandstones and carbonates: An overview [J]. AAPG Memoir, 69: 7~24.

Large D. 1988. The evaluation of sedimentary basins for massive sulfide mineralization [C] //Base metal sulfide deposits in sedimentary and volcanic environments. Springer Berlin Heidelberg, 3~11.

Law B E, Dickinson W W. 1985. Conceptual model for origin of abnormally pressured gas accumulations in low-permeability reservoirs [J]. AAPG Bulletin, 69 (8): 1295~1304.

Law B E, Spencer C W. 1998. Abnormal Pressure in Hydrocarbon Environments [J]. AAPG Memoir, 70: 264.

Lawrence S R, Cornford C. 1995. Basin geofluids [J]. Basin Research, 7 (7): 1~7.

Leythaeuser D, Mackenzie A, Schaefer R G, et al. 1984. A novel approach for recognition and quantification of hydrocarbon migration effects in shale-sandstone sequences [J]. AAPG Bulletin, 68 (2): 196~219.

Leythaeuser D, Schwarzkopf T. 1986. The pristane/n-heptadecane ratio as an indicator for recognition of hydrocarbon migration effects [J]. Organic geochemistry, 10 (1): 191~197.

Lindsay N G, Murphy F C, Walsh J J, et al. 2009. Outcrop studies of shale smears on fault surfaces [M]. Oxford: Blackmell Publishing Ltd. 113~123.

Lu C S, Reed M H, Misra K C, et al. 1992. Zinc-lead skarn mineralization at Tin Creek, Alaska: Fluid inclusions and Skam-forming reaction [J]. Geochimica et cosmochimica acta, 56 (1-3): 109~119.

Luo X, Vasseur G U Y. 1995. Modelling of pore pressure evolution associated with sedimentation and uplift in sedimentary basins [J]. Basin Research, 7 (1): 35~52.

Magara K. 1976. Thickness of removed sedimentary rocks, paleopore pressure, and paleotemperature, southwestern part of Western Canada Basin [J]. AAPG Bulletin, 60 (4): 554~565.

Magara K. 1978. Compaction and fluid migration : Practical petroleum geology [M]. Amsteldam: Elsevier.

Majorowicz J A, Jones F W, Jessop A M. 1986. Geothermics of the Williston Basin in Canada in relation to hydrodynamics and hydrocarbon occurrences [J]. Geophysics, 51 (3): 767~779.

Mann D M, Mackenzie A S. 1990. Prediction of pore fluid pressures in sedimentary basins [J]. Marine and Petroleum Geology, 7 (1): 55~65.

Mckinley J M, Worden R H, Ruffell A H. 2001. Contact diagenesis: the effect of an intrusion on reservoir quality in the Triassic Sherwood Sandstone Group, Northern Ireland [J]. Journal of Sedimentary Research, 71 (3): 484~495.

McLatchie A S, Hemstock R A, Young J W. 1958. The effective compressibility of reservoir rock and its effects on permeability [J]. Journal of Petroleum Technology, 10 (06): 49~51.

Meissner F F. 1980. Examples of abnormal fluid pressure produced by hydrocarbon generation: ABSTRACT [J]. AAPG Bulletin, 64 (5): 749.

Michael K, Bachu S. 2001. Fluids and pressure distributions in the foreland-basin succession in the west-central part of the Alberta basin, Canada: evidence for permeability barriers and hydrocarbon generation and migration [J]. AAPG Bulletin, 85 (7): 1231~1252.

Miller D E, 杨斌, 王绪龙. 1987. 原油的生物降解作用 [J]. 地质地球化学, 2: 37~40.

Nedkvitne T, Karlsen D A, Bjørlykke K, et al. 1993. Relationship between reservoir diagenetic evolution and petroleum emplacement in the Ula Field, North Sea [J]. Marine and Petroleum Geology, 10 (3): 255~270.

Nethring R. 2008. Growing and indispensable: The contribution of production from tight-gas sands to U. S. gas production [C] // Cumella S P, Shanley KW, Camp W K, et al. Understanding, exploring, and Developing Tight-Gas Sands-2005 Vail Hedberg Conference. AAPG Hedbeg Series: 5~12.

Neuzil C E. 1995. Abnormal pressures as hydrodynamic phenomena [J]. American Journal of Science, 295 (6): 742~786.

Nygård R, Gutierrez M, Gautam R, et al. 2004. Compaction behavior of argillaceous sediments as function of diagenesis [J]. Marine and Petroleum Geology, 21 (3): 349~362.

Oing H, Mountjoy E. 1992. Large-scale fluid flow in the Middle Devonian Presqu'ile Barrier, Western Canada sedimentary basin [J]. Geology, 20 (10): 903~906.

Parnell J. 2002. Fluid seeps at continental margins: towards an integrated plumbing system [J]. Geofluids, 2 (2): 57~61.

Pratsch J C. 1997. Determination of exploration by migration pathways of oil and gas [J]. Foreign Oil and Gas Exploration, 9 (1): 63~68.

Primmer T J, Cade C A, Evans J, et al. 1997. Global patterns in sandstone diagenesis: their application to reservoir quality prediction for petroleum exploration [J]. AAPG Memoir, 69 (69), 61~78.

Reed M H. 1986. Calculation low-temperature, skarn-forming reactions and the controls on gold precipitation in skarn ore [J]. Geology Seience America Abstract Program, 18: 727.

Roberts W H, Cordell R J. 1980. Problems of petroleum migration [J]. AAPG Studies in Geology, 64 (10): 273.

Roedder A E, Bodnar R J, 1980. Geologic pressure determinations from fluid inclusion studies [J]. Annual Review of Earth and Planetary Sciences, 8 (1): 263~301.

Roedder E. 1984. Fluid inclusions: Reviews in mineralogy [M]. Blacksburg: Mineralogical Society of America.

Rossi C, Goldstein R H, Marfil R, et al. 2001. Diagenetic and oil migration history of the Kimmeridgian Ascla formation, Maestrat basin, Spain [J]. Marine and petroleum geology, 18 (3): 287~306.

Rybach L. 1976. Radioactive heat production in rocks and its relation to other petrophysical parameters [J].

Pure and Applied Geophysics, 114 (2): 309~317.

Sanford R F. 1994. A quantitative model of ground-water flow during formation of tabular sandstone Uranium deposits [J]. Economic Geology, 89 (2): 341~360.

Sangster D F, Nowlan G S, McCracken A D. 1994. Thermal comparison of Mississippi Valley-type lead-zinc deposits and their host rocks using fluid inclusion and conodont color alteration index data [J]. Economic Geology, 89 (3): 493~514.

Schmoker J W. 1995. Method for assessing continuous-type (unconventional) hydrocarbon accumulations [C] // Gautier D L, Dolton GL, Takahashi K I, et al. 1995 National Assessment of United States Oil and Gas Resources- Results, Methodology, and Supporting Data: U. S. Geological Survey Digital Data Series DDS-30, 1 CD-ROM.

Schmoker J W. 1996. A resource evaluation of the Bakken Formation (upper Devonian and lower Mississippian) continuous oil accumulation, Williston basin, North Dakota and Montana [J]. The Mountain Geologist, 33 (1): 1~10.

Schmoker J W. 2005. U. S. geological survey assessment concepts for continuous accumulation [J]. U. S. Geological Survey.

Schneider F, Wolf S. 2000. Quantitative HC potential evaluation using 3D basin modelling: application to Franklin structure, Central Graben, North Sea, UK [J]. Marine and Petroleum Geology. 17 (7): 841~856.

Schowalter T T. 1979. Mechanics of secondary hydrocarbon migration and entrapment [J]. AAPG Bulletin, 63 (5): 723~760.

Scotchman I C, Carr A D, Astin T R, et al. 2002. Pore fluid evolution in the Kimmeridge clay formation of the UK outer moray firth: Implications for sandstone diagenesis [J]. Marine and Petroleum Geology, 19 (3): 247~273.

Secor D T. 1969. Mechanics of natural extension fracturing at depth in the earth's crust [J]. Research in tectonics: Geological Survey of Canada Special Paper, 3~47.

Serebryakov V A, Chilingar G V. 1994. Investigation of underpressured reservoirs in the Powder River Basin, Wyoming and Montana [J]. Journal of Petroleum Science and Engineering, 11 (3): 249~259.

Sharp Jr J M, Fenstemaker T R, Simmons C T, et al. 2001. Potential salinity-driven free convection in a shale-rich sedimentary basin: Example from the Gulf of Mexico basin in south Texas [J]. AAPG Bulletin, 85 (12): 2089~2110.

Sibson R H. 1990. Rupture nucleation on unfavorably oriented faults [J]. Bulletin of the Seismological Society of America, 80 (6A): 1580~1604.

Skerlec G M. 1996. Risking fault seal in the Gulf Coast (abs.) [C]. AAPG Annual Convention Program and Abstracts, 5: A131.

Sorby H C. 1858. On the microscopical, structure of crystals, indicating the origin of minerals and rocks [J]. Quarterly Journal of the Geological Society, 14 (1-2): 453~500.

Stahl W J. 1980. Compositional changes and $^{13}C/^{12}C$ fractionations during the degradation of hydrocarbons by bacteria [J]. Geochimica Et Cosmochimica Acta, 44 (11): 1903~1907.

Stearns N D, Stearns H T, Waring G A. 1935. Thermal springs in the United States [J]. United States Geological Survey Water Supply Paper 679-B, 87 (107): 166~169.

Stephen A H. 2006. Tight gas sands [J]. Journal of Petroleum Technology, 2006, 58 (6): 86~93.

Stoller P, Kim B M, Rubenchik A M, et al. 2002. Polarization-dependent optical second-harmonic imaging of a rat-tail tendon [J]. Journal of Biomedical Optics, 7 (2): 205~214.

Summer N S, Ayalon A. 1995. Dike intrusion into unconsolidated sandstone and the development of quartzite contact zones [J]. Journal of Structural Geology, 17 (7): 997~1010.

Surdam R C, Crossey L J, Hagen E S, et al. 1989. Organic-inorganic interactions and sandstone diagenesis [J]. AAPG Bulletin, 73 (1): 1~23.

Swarbrick R E, Osborne M J. 1998. Mechanisms that Generate Abnormal Pressures: an Overview [J]. AAPG Memoir, 70: 13~34.

Sweeney J J, Burnham A K, Braun R L. et al. 1987. Model of hydrocarbon generation from type I kerogen: Application to Uinta Basin, Utah [J]. AAPG Bulletin, 71 (8): 967~985.

Sweeney J J, Burnham A K. 1990. Evaluation of a simple model of vitrinite reflectance based on chemical kinetics [J]. AAPG Bulletin, 74 (10): 1559~1570.

Tissot B, Espitalie J. 1975. L'evolution thermique de la matière organique des sédiments: Applications d'une simulation mathématique. Potentiel pétrolier des bassins sédimentaires de reconstitution de l'histoire thermique des sédiments [J]. Oil and Gas Science and Technology, 30 (5): 743~778.

Tissot B. Premières données sur les mécanismes et la cinétique de la formation du pétrole dans les sédiments: Simulation d'un schéma réactionnel sur ordinateur [J]. Rev. Inst. Fr. Pét., 1969, 24: 470~501.

Traugott M O, Heppard P D. 1994. Prediction of pore pressure before and after drilling-taking the risk out of drilling overpressured prospects [C] //AAPG Hedberg Conference, Abnormal Pressures in Hydrocarbon Environments: Golden, Colorado.

Travé A Bitzer K, Pérez J M C. 2001. Fluid flow processes at basin scale [J]. Acta geológica hispánica, 36 (1): 1~20.

Tóth J. 1962. A theory of groundwater motion in small drainage basins in central Alberta, Canada [J]. Journal of Geophysical Research, 67 (11): 4375~4388.

Ungerer P, Behar E, Discamps D. 1981. Tentative calculation of the overall volume expansion of organic matter during hydrocarbon genesis from geochemistry data: Implications for primary migration [J]. Advances in Organic Geochemistry, 10: 129~135.

Ungerer P, Behar F, Villalba M, et al. 1988. Kinetic modelling of oil cracking [J]. Organic Geochemistry, 13 (4): 857~868.

Uysal I T, Glikson M, Golding S D, et al. 2000. The thermal history of the Bowen Basin, Queensland, Australia: Vitrinite reflectance and clay mineralogy of Late Permian coal measures [J]. Tectonophysics, 323 (1): 105~129.

U. S. Geological Survey National Oil and Gas Resource Assessment Team. National assessment of United States oil and gas resources: U. S [C]. Geological Survey Circular 1118, 1995: 20.

Varsány I, Matray J M, Kovács L Ó. 1997 . Geochemistry of formation waters in the Pannonian Basin (southeast Hungary) [J]. Chemical Geology, 140: 89~106.

Varti-Mataranga M, Pe-Piper G. 1998. Geochemistry of upper Triassic black dolomites of the SE Peloponnese (Greece), and their relationship to the volcanic activity of the area [J]. Neues Jahrbuch für Mineralogie Monatshefte, (7): 305~327.

Verweij J M. 1993. Hydrocarbon migration systems analysis [M]. Amsterdam: Elsevier, 130~132.

Welte D H. 1997. Petroleum and Basin Evolution [M]. Berlin: Springer, 39~55.

White DE. 1957. Thermal waters of volcanic origin [J]. Geological Society of America Bulletin, 68: 1637~1658.

Wilkinson M, Darby D, Haszeldine R S, et al. 1997. Secondary porosity generation during deep burial associated with overpressure leak-off: Fulmar Formation, United Kingdom Central Graben [J]. AAPG Bulletin,

1997, 81 (5): 803~813.

Wood J R, Hewett T A. 1982. Fluid convection and mass transfer in porous sandstones—a theoretical model [J]. Geochimica Et Cosmochimica Acta, 46 (10): 1707~1713.

Worden R H, Coleman M L, Matray J M. 1999. Basin scale evolution of formation waters: a diagenetic and formation water study of the Triassic Chaunoy Formation, Paris Basin [J]. Geochimica Et Cosmochimica Acta, 63 (17): 2513~2528.

Xie X N, Jiu J J, Li S T, et al. 2003. Salinity variation of formation water and diagenesis reaction in abnormal pressure environments [J]. Science in China Series D: Earth Sciences, 46 (3): 269~284.

Xie X, Li S, Dong W, et al. 2001. Evidence for episodic expulsion of hot fluids along faults near diapiric structures of the Yinggehai Basin, South China Sea [J]. Marine and Petroleum Geology, 18 (6): 715~728.